聪明宝宝
营养 早教 养护百科

主编／**李 宁** 北京协和医院营养科副教授
程玉秋 高级育婴师、高级公共营养师

全新升级版

吉林科学技术出版社

图书在版编目（CIP）数据

聪明宝宝营养早教养护百科 / 李宁，程玉秋主编
. -- 长春：吉林科学技术出版社，2024.5
ISBN 978-7-5744-1264-4

Ⅰ.①聪… Ⅱ.①李… 程… Ⅲ.①婴幼儿－哺育
－基本知识 Ⅳ.① TS976.31

中国国家版本馆 CIP 数据核字（2024）第 078166 号

聪明宝宝营养早教养护百科

CONGMING BAOBAO YINGYANG ZAOJIAO YANGHU BAIKE

主　　编　李　宁　程玉秋
出 版 人　宛　霞
责任编辑　周　禹
策划编辑　石艳芳
封面设计　悦然生活
制　　版　悦然生活
幅面尺寸　167 mm×235 mm
开　　本　1/16
字　　数　240千字
印　　张　15
印　　数　1-5 000册
版　　次　2024年5月第1版
印　　次　2024年5月第1次印刷
出　　版　吉林科学技术出版社
发　　行　吉林科学技术出版社
地　　址　长春市福祉大路5788号出版大厦A座
邮　　编　130118
发行部电话/传真　0431-81629529　81629530　81629531
　　　　　　　　　81629532　81629533　81629534
储运部电话　0431-86059116
编辑部电话　0431-81629517
印　　刷　长春新华印刷集团有限公司
书　　号　ISBN 978-7-5744-1264-4
定　　价　49.90元
如有印装质量问题　可寄出版社调换

宝宝的呱呱坠地让父母感到无比的幸福和欣慰，看到那个可爱的小脸蛋，每一对父母都会从心底感受到甜蜜。让自己的宝宝健康快乐地成长，是每一对父母的心愿，但是孩子成长的每一个时刻，对于刚刚成为父母的年轻人来说，都是一个很大的挑战。

很多父母面对宝宝的突发状况，总是手忙脚乱、措手不及，无奈之中只能向长辈们请求帮助。不过，老一辈人的传统的育儿方式，会不会有一些不足呢？这是很多年轻父母在思考的问题。

本书为大家介绍了0~3岁之间的宝宝在科学喂养、护理和益智方面的知识，是宝宝成长中的"护理辞典"，比如"新生儿母乳怎么喂养""宝宝出现黄疸怎么办""怎么帮助孩子开发智力"等，都是家长非常关心的问题。通过阅读本书，能够使很多父母在照顾小宝贝这方面更有信心。

宝宝的出生也是父母的新生，父母会在孩子成长的每一个小脚印当中学到更多的知识。宝宝健康、踏实地走在人生的道路上，父母会更加自豪和开心。

目录

1~3 个月
努力学习翻身

Part 2 4~6 个月
会坐着与人招手了

Part 3 7~9 个月 爬爬更聪明

Part 4 10~12 个月 能自如地扶站了

1岁1个月~1岁3个月
迈出了人生的第一步

1岁4个月~1岁6个月
饶舌的"小话痨"

Part 7

1岁7个月~1岁9个月
宝宝爱问为什么

Part 8

1岁10个月~2岁
不安分的小淘气

2岁~2.5岁
期望独立的小大人
Part 9

Part 10 2.5~3 岁
在游戏中快乐成长

宝宝生长发育逐月看

6

满 6 个月

粗动作能力

1. 抱直时，脖子能竖直

2. 会自己翻身（由俯卧到仰卧）

3. 可以自己坐在有靠背的椅子上

语言沟通
能力

① 会因妈妈的抚慰
而停止哭闹

② 看他时，他会回
看你的眼睛

① 双手能握在一起

② 手能伸向物体

③ 会掀开盖在自己脸
颊上的手帕

细动作
能力

① 喂他吃东西时，他
会张口或用其他
的动作表示要吃

② 逗他时，他会微笑

遇事处理及
社会性

满 9 个月

粗动作
能力

① 不用扶，可坐稳

② 会独立爬行（腹部
贴地，匍匐前进）

③ 坐时，会移动身体，
挪向所要的物体

3

4

语言沟通能力

① 会转向声源

② 会发出单音

细动作能力

① 能将东西由一只手递到另一只手

② 能用双手拿杯子

③ 会自己抓住东西往嘴里送

遇事处理及社会性

① 会自己拿着饼干吃

② 会害怕陌生人

2

12

满12个月

粗动作能力

1. 会双手扶着家具走几步
2. 在家长的帮助下，可以移动几步
3. 会扶着物体自己站立

语言沟通
能力
1 叫他，他会回应
2 会模仿简单的声音

1 会拍手
2 会把一个小东西放入杯子
3 会撕纸

细动作
能力

1 会脱帽子
2 会以挥手表示"再见"

遇事处理及
社会性

17

18

满 18 个月

粗动作能力

1 可以走得很快、很稳

2 被人拉着或者扶着栏杆，可以走上楼梯

1 会用笔乱涂
2 会把瓶子的盖子打开
3 已有常用手
4 会双手端着杯子喝水

语言沟通能力

1 会有意识地叫爸爸、妈妈
2 会模仿大人主动说出一个词语

细动作能力

帮他穿衣服时，他会主动伸出胳膊和腿

遇事处理及社会性

24

满 24 个月

粗动作能力

1. 会自己上下楼梯
2. 会自己从椅子上爬下
3. 会一只脚站立，另一只脚踢球

语言沟通能力

1. 会重叠两块积木
2. 会一页一页翻开图画书
3. 会将一个杯子里的水倒进另一个杯子

1. 会指出身体的某个部位
2. 至少会讲 10 个词语

细动作能力

遇事处理及社会性

1. 会自己脱衣服
2. 会打开糖果包装纸

36

满 36 个月

粗动作能力

1. 会手心朝下丢球或东西
2. 能不扶东西，双脚同时离地跳

语言沟通能力

1. 能正确地说出身体6个部位的名称
2. 所说的内容能让人听得懂一半
3. 会主动告知想上厕所
4. 会问"这是什么"

细动作能力

1. 会照着样式画垂直线
2. 能用勺子吃东西
3. 能模仿别人做折纸的动作

1. 会自己穿没有鞋带的鞋子
2. 会自己洗手并擦干

遇事处理及社会性

1~3 个月
努力学习翻身

完美营养

初乳带给宝宝最初的营养

初乳所含的免疫球蛋白可以覆盖在新生儿的肠道表面，阻止细菌、病毒的附着，提高新生儿的抵抗力。

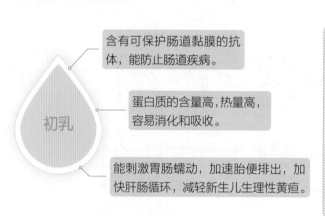

含有可保护肠道黏膜的抗体，能防止肠道疾病。

蛋白质的含量高，热量高，容易消化和吸收。

初乳

能刺激胃肠蠕动，加速胎便排出，加快肝肠循环，减轻新生儿生理性黄疸。

喂养要点

★ 妈妈应先用热毛巾按摩肿胀的乳房，然后两边的乳房要交替着喂奶。

★ 妈妈在给宝宝喂完奶后，要将宝宝抱起来轻拍背部，让宝宝打嗝后再缓缓放下，这样能有效防止宝宝溢奶。

母乳含有哪些营养

营养素	功效
蛋白质	大部分是容易消化的乳清蛋白，且含有代谢过程中所需的酶，以及能抵抗感染的免疫球蛋白和溶菌素
脂肪	含大量不饱和脂肪酸，并且脂肪球较小，容易吸收
牛磺酸	含量较多，为婴儿大脑及视网膜发育所必需
乳糖	在消化道内变成乳酸，能促进消化，帮助钙、铁等矿物质吸收，并能抑制大肠杆菌生长，减少宝宝患消化道疾病的概率
钙、磷	比例恰当，容易消化吸收

哺乳的正确姿势

在哺乳的过程中，妈妈要保持放松和舒适的状态。

妈妈在椅子上坐好或盘腿坐着，将宝宝抱起来，用手臂托着他的头，使他的脸和胸脯靠近自己，下颌紧贴乳房。此时宝宝的身体与妈妈的身体大约呈45°角。

妈妈给宝宝喂养母乳时，要保持愉悦的心情，这样有利于乳汁的分泌。

妈妈用手掌托起乳房，用乳头刺激宝宝的口唇，待宝宝张嘴，就将乳头和乳晕一起送入宝宝嘴里。

妈妈应将示指和中指呈剪刀状分放在乳房的上下方，避免乳房堵住宝宝鼻孔而影响其吸吮，或因奶流过急而呛着宝宝。若是奶量过大，宝宝来不及吞咽，可用示指和中指夹住乳晕后部，以控制奶量；或让宝宝松开乳头，歇歇再吃。

新生儿最好按需哺乳

新生儿在出生后1~2周内，吃奶的次数会比较多，有的宝宝一天吃奶可能达十几次，即使在后半夜，吃得也比较频繁。到了3~4周，吃奶的次数会明显减少，每天也就7~8次，后半夜往往一觉睡到自然醒，5~6小时不吃奶。

即使是刚刚出生的宝宝也是知道饱饿的，什么时候该吃奶，宝宝会用自己的方式告诉妈妈。妈妈要知道自己的乳汁是否足够喂哺宝宝，如果乳汁不足，宝宝是吃不饱的。

母乳喂养的正确步骤

哺乳前

妈妈先洗净双手，用温湿毛巾擦洗乳头、乳晕，同时双手柔和地按摩乳房3~5分钟，以促进乳汁分泌。

哺乳中

新生儿存在吃吃就睡的情况，这时需要妈妈通过动动宝宝耳朵、小嘴或挠挠脚心等动作刺激宝宝继续吮吸。另外，哺乳时注意，要先让宝宝吸空一侧乳房再换另一侧吮吸，这样有利于乳汁最大量分泌。

哺乳后

将宝宝直立着抱起来，使宝宝的身体靠在妈妈身体的一侧，下巴搭在妈妈的肩头。妈妈用空心掌轻拍宝宝后背，直至宝宝打出气嗝。

这样防止宝宝吐奶

为了避免哺乳后翻动宝宝导致溢奶，应在哺乳前给宝宝换尿布。

哺乳时让宝宝的身体倾斜一些，便于乳汁自然流入宝宝胃里。

哺乳结束后，将宝宝竖抱起来，让他的头自然地趴在妈妈肩膀上。妈妈一只手揽着他的臀部，另一只手轻拍他的后背，直到听到他的打嗝声。

即使哺乳后发现宝宝尿了或拉了，也不要马上换尿布，待给宝宝拍嗝后再轻轻更换。

若宝宝吃奶急，要适当控制一下；若奶量比较大，妈妈要用手指轻轻夹住乳晕后部，保证奶水缓缓流出。

让宝宝含着乳晕，以免吸入过多的空气，更要避免宝宝吸空乳头。

用奶瓶喂奶时，要让奶汁充满奶嘴，以免宝宝吸入空气。

如果宝宝溢奶比较频繁，妈妈可以试着在宝宝吃到一半时停下来，先拍拍嗝，等宝宝打出嗝后再继续喂。

这些情况宜采用配方奶粉喂养

不宜母乳喂养的情形	原因
宝宝患半乳糖血症	这类宝宝在进食含有乳糖的母乳后，会引起半乳糖代谢异常，出现严重呕吐、腹泻、黄疸、肝脾大等症状。确诊后，应立即停止母乳及奶制品喂养，并给予不含乳糖的特殊代乳品
宝宝患糖尿病	表现为喂养困难、呕吐及神经系统症状，多数患病新生宝宝伴有惊厥、低血糖等症状。对这种患病新生宝宝，应注意少量喂食母乳，给予低分子氨基酸膳食
妈妈患慢性病，需长期用药	如甲状腺功能亢进尚在用药物治疗者，药物会进入乳汁中，对新生宝宝不利，应用配方奶粉喂养宝宝
妈妈处于细菌或病毒急性感染期	这类妈妈的乳汁内含有致病的病菌或病毒，可能对新生宝宝有不良影响，故应暂时中断哺乳，用配方奶代替
妈妈接触有毒化学物质	这些物质可通过乳汁使宝宝中毒，故妈妈哺乳期应避免接触有害物质及远离有害环境
妈妈患严重心脏病	哺乳会导致患有心功能衰竭的妈妈病情恶化

不宜母乳喂养的情形	原因
妈妈患严重肾脏疾病	哺乳会加重脏器的负担，因此可能造成患有肾功能不全的妈妈的脏器损害
妈妈处于传染病感染期	如妈妈患开放性结核病，或者处于各型肝炎的传染期，哺乳将增加宝宝感染的概率

配方奶喂养要注意什么

配方奶不要过浓或过稀。太浓的话，不易吸收，会引起宝宝腹泻；太稀会造成宝宝营养摄入不足，生长速度减慢。

配方奶温度不要太高。妈妈的体温是 37℃ 左右，这个温度也是配方奶中各种营养物质存在的适宜条件，同时适合宝宝的肠胃吸收。

配方奶放置时间不要太久，否则容易污染变质。配方奶比较容易滋生细菌，而冲调好的配方奶不能高温煮沸消毒，所以冲泡时一定要注意卫生。

特殊宝宝如何选择配方奶粉

宝宝类型	如何选择配方奶粉
早产宝宝	很多早产儿身体发育比不上足月产儿，对奶粉的要求也比较严格。早产儿奶粉一般加脂肪酸，而且营养成分十分接近母乳。这类奶粉热量比普通婴儿奶粉高 20%，乳清蛋白含量高，钙、磷比例合适，还加入了牛磺酸、核苷酸，适宜于早产儿的胃肠道，容易消化吸收，还可以减轻宝宝肾脏的负担，有利于早产宝宝的视网膜及神经系统的发育。当早产宝宝足月，就可以换用普通婴儿配方奶粉
营养不良的宝宝	营养不良的宝宝往往难以吸收乳糖和脂肪，同时还可能有维生素和微量元素缺乏的症状。应该为这样的宝宝选择一些低乳糖，以中链脂肪酸做脂肪源，强化维生素及矿物质的配方奶粉
对乳糖不耐受的宝宝	有的宝宝身体内的乳糖酶含量不足或活性低，不能将乳类食品中的乳糖分解成葡萄糖和半乳糖，也就无法吸收进血液中，这就是乳糖消化不良。这样的宝宝无论饮用母乳还是配方奶均可导致明显的腹泻，只要停止喂食或用代乳食品喂食，腹泻即可停止，这种状况可以选用无乳糖配方奶粉，或在医生的指导下换用大豆配方奶粉喂养

悉心教养

新生儿的面部护理

新生儿面部极其娇嫩，对其五官的护理动作要轻，护理用品要十分干净。

眼部护理

新生儿的眼睛十分脆弱。对新生儿眼部的护理，要使用纱布、生理盐水或温开水。把纱布蘸湿，从眼内角向眼外角轻轻擦拭。如果新生儿的眼睛流泪，或有较多分泌物使眼皮粘连，需请医生诊治。

鼻部护理

在正常情况下，新生儿鼻孔会进行"自我清洁"。如果空气很干燥，鼻孔里可能结有鼻屎，造成新生儿不舒服，因为他出生后头几个星期还不会用嘴呼吸。这时，妈妈可以把一小块棉球蘸湿，轻轻放入新生儿鼻孔，把鼻屎取出。注意，这应该在哺乳前进行。

耳部护理

给新生儿进行耳部护理时，应将新生儿的头转向一侧，把棉花捻成一小条，对耳郭进行清洁。清洁只到耳孔为止，不宜深入，以免把耳垢推向深处而引起耳道堵塞。

口腔护理

由于新生儿口腔黏膜血管丰富柔嫩，容易受损伤，所以不能随意擦洗，以免感染。

面部和颈部护理

新生儿的面颊，用棉花蘸水来清洗即可。要注意颈部皱褶和耳朵后面，这些部位容易忽视，常会有些小问题，因此要经常清洗并且擦干。

新生儿的脐部护理

1 脐带护理最重要的是保持干燥和通风，不宜用纱布覆盖或用尿布包住。脐带弄湿后，一定要用酒精擦拭一次。脐带每日护理 3 ~ 4 次，包括洗完澡的那一次。

2 在护理脐带前，护理人员要洗净双手，避免细菌感染。

3 将棉花棒沾满消毒酒精，先由上而下擦拭整个脐带，再深入肚脐底部，最后给肚脐周围消毒。清洁完成后可涂上碘酒，以形成一层保护膜。

4 脐带脱落后，仍要继续护理2 ~ 3天，直到肚脐眼完全收口、干燥为止。

5 若宝宝出生 9 ~ 10 天后脐带仍未脱落，或脐带脱落后渗血不止，最好去医院就诊。出现上述两种情况的宝宝的肚脐中央可能会长小肉芽，须就医将其处理掉，肚脐眼才会收口。

6 脐带脱落后，应定期以棉花棒蘸清水或用宝宝油轻轻清理宝宝肚脐，以保持干净。

给宝宝穿、脱衣服

新生儿身体柔软，皮肤娇嫩，小脖子也是软软的，四肢又呈弯曲状，所以给宝宝穿衣、脱衣需要一点儿技巧。

穿衣服

给宝宝穿衣服的顺序是先穿上衣，再穿裤子。

穿开口衫

将衣服打开，平放在床上。

让宝宝平躺在衣服上，将宝宝的一只胳膊轻轻地送入袖子中，再慢慢地将宝宝的手拉出衣袖。之后，用同样的方法穿对侧衣袖。

把穿上的衣服拉平，系上系带或扣上纽扣。

穿套头衫

最好选择衣领弹性较大的衣服。把套头衫的下摆提起，挽成环状，尽量张大领口，先套到宝宝的后脑勺上，然后再向前下方拉，在经过宝宝的前额和鼻子的时候，要用手把衣服抻平托起来。宝宝的头套进去以后，再把他的胳膊伸进衣袖。

穿裤子

一只手伸进裤管，将宝宝的腿拉入裤管，再用另一只手将裤子向上提，即可将裤子穿上。

穿连身衣

将连身衣纽扣解开，平放在床上。先穿裤腿，再用穿开口衫的方法给宝宝穿上袖子，然后扣上所有纽扣。

脱衣服

给婴儿脱衣服的顺序和穿衣服的顺序是相反的，即要先脱裤子，再脱上衣。

脱裤子

把宝宝放在床上，一只手轻轻抬起其臀部，另一只手将裤腰脱至其膝盖处，然后放平宝宝，用一只手抓住裤脚，另一只手轻握宝宝的膝盖，将腿顺势拉出来。

脱套头衫

把衣服从腰部上卷到胸前，然后握着宝宝的肘部，把袖口卷成圆圈形，轻轻地把胳膊从中拉出来。最后，把领口张开，小心地从宝宝的头上取下。

脱开口衫

解开扣子，把袖子卷成圆圈形，轻轻地把宝宝的手臂从中拉出。

脱连身衣

先按脱开口衫的方法脱下连身衣的上身，然后按脱裤子的方法将裤子脱下。

照护宝宝的睡眠

充足的睡眠对宝宝的生长发育至关重要。宝宝神经细胞的功能还不健全，容易疲劳，而睡眠是对大脑皮层的保护性抑制措施，可以让神经细胞的能量得到恢复和储备，让大脑得到休息。

一般新生儿一昼夜的推荐睡眠时间为 14 ~ 17 小时，4 ~ 11 个月为 12 ~ 15 小时，1 ~ 2 岁为 11 ~ 14 小时，3 ~ 5 岁为 10 ~ 13 小时，6 ~ 13 岁为 9 ~ 11 小时。少数宝宝在初生的几个月里格外容易惊醒，若宝宝白天的精神看上去较好，当父母的也不必多虑。

如果睡眠不足，宝宝会哭闹不止，烦躁不安，食欲欠佳，体重下降。为让宝宝睡得更好，应注意以下几点：

- 衣服和被子不要太厚。
- 养成良好的睡眠习惯，要按时睡觉，不要因玩耍破坏睡眠规律。
- 睡前不要过分逗宝宝玩，不要让他太兴奋而难以入睡。
- 要培养宝宝自己在床上睡眠的习惯，不要由家长抱着、拍着、哼着小调入睡后再放到床上，也不要让宝宝含着乳头、手指睡。

新生儿最好跟妈妈一起睡

现代亲密育儿法提倡母婴同室，宝宝从一出生就要和妈妈待在一起，与妈妈充分进行肌肤接触。蒙氏教育理念认为，父母对宝宝身体的触摸对宝宝的健康和智力发展具有重要作用，所以，父母们一定不要吝啬你的抚摸和拥抱。

生理性黄疸是正常的

大部分新生儿在出生后 1 周内会出现皮肤黄染，即黄疸，这主要是由新生儿胆红素代谢的特点决定的。新生儿黄疸一般出现在面、颈部，还可能出现在躯干和四肢。如果仅仅是轻度发黄，但全身情况良好，那就属于程度较轻的生理性黄疸。生理性黄疸一般在出生后 2~3 天开始出现，4~6 天最黄，7~10 天以后逐渐消退，大多不需要进行任何治疗即可自行消退。但如果黄疸很长时间未消退或逐渐加重，应及时就医。

呵护好宝宝的囟门

囟门是宝宝脑颅的"窗户"，脑组织需要骨性的脑颅保护，脑颅大部分是密闭的，而囟门却是其上面的一个开放空隙，很容易受到伤害。可在洗澡时用宝宝专用洗发液清洗囟门。清洗时用指腹在囟门处轻轻地揉洗，忌用力搔抓。

如果囟门处的污垢不易洗掉的话，可以先用婴儿油将污垢浸透 2 ~ 3 小时，待其变软后再用无菌棉球按照头发的生长方向擦洗，洗净后再扑上宝宝粉就可以了。

平时要注意避免尖锐的东西刺伤囟门，抱宝宝外出时要戴好帽子。

宝宝需要户外锻炼

宝宝出生后 1 个月就可以在日光下和新鲜的空气中活动，这对提高宝宝对外界环境的适应能力，增强宝宝体质，和对宝宝各个脏器的发育都有着重要的意义。

户外锻炼应注意什么

晒太阳可以选择避风的地方，宝宝头上要戴帽子，以免阳光直接照射头部。

开始时每次 5 ~ 10 分钟，后面随着宝宝的长大而延长照射时间。

不要隔着玻璃晒太阳，因为紫外线会被玻璃阻隔而没有效果。

宝宝晒太阳后，如果出汗多，一定要用干软的毛巾将汗擦干，还要给宝宝补充些水分，如母乳等。

如果宝宝身体不适或有病，可暂停户外锻炼。

快乐益智

左脑——知性脑

左脑与右半身的神经系统相连，掌管其运动、直觉等功能，因此，右耳、右视野等的主宰是左脑。左脑最大的特征在于具有语言中枢，掌管说话和领会文字、数字、作文、逻辑、判断、分析等功能，因此被称为"知性脑"。它能够把复杂的事物分析为单纯的要素，比较偏向理性思考。

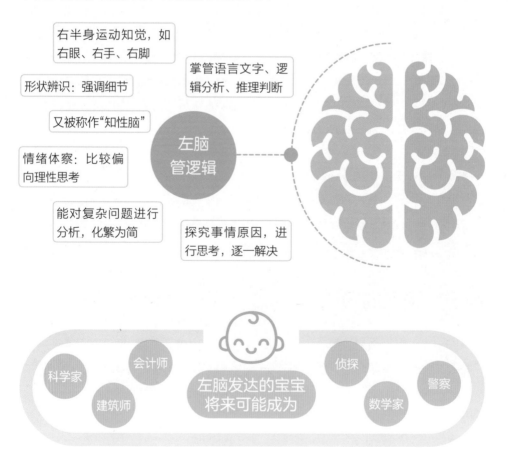

右半身运动知觉，如右眼、右手、右脚

形状辨识：强调细节

又被称作"知性脑"

情绪体察：比较偏向理性思考

能对复杂问题进行分析，化繁为简

掌管语言文字、逻辑分析、推理判断

探究事情原因，进行思考，逐一解决

左脑管逻辑

科学家
会计师
建筑师
左脑发达的宝宝将来可能成为
侦探
数学家
警察

左脑开发方案

对于新生儿来说，有些左脑的训练方案还没法进行。在这个时期，适合宝宝的最佳左脑训练方案就是多与父母交流，以促进宝宝语言能力的发展。此外，还可以适当地刺激宝宝的听觉，使其听觉能力得到提升。

摇摇小铃铛

听觉能力　记忆能力　触觉能力

❀益智目标

让宝宝经常接触声音、习惯声音，从而提高宝宝的听觉记忆能力。

❀亲子互动

① 准备大小合适的铃铛。将铃铛系在宝宝的手上或脚上。

② 宝宝自己动手或动脚使铃铛响起，或者家长一边轻轻摇动宝宝的手和脚，使铃铛轻响，一边说："宝宝听，什么在响？"

温馨提示

铃铛不能太响，以免刺激宝宝的鼓膜，也不要让宝宝听的时间太长，以免引起听力疲劳。另外，在摇动宝宝手脚时动作要轻柔。

拉长发音

语言能力　听觉能力　反应能力

🍀 益智目标

拉长发音可以强化宝宝正在形成的语言功能，有助于左脑语言能力的提高，有助于宝宝语音系统的形成。

🍀 亲子互动

❶ 让宝宝仰卧在家长的怀里或躺在床上，家长做出各种表情，并发出简单欢快的声音，引起宝宝的反应。

❷ 当宝宝喃喃自语，发出"喔——喔——喔"这样的音节时，家长可以重复并拉长其发音"喔—— 喔—— 喔"。

温馨提示

家长发出的声音不要太大，以免宝宝受到惊吓，也不要急于求成而发出太过复杂的音让宝宝模仿。

右脑——艺术脑

右脑与左半身的神经系统相连，掌管其运动、知觉等功能，因此，左耳、左视野等的主宰是右脑。右脑掌管图像、感觉，具有鉴赏绘画、音乐等的能力，因而被称为"艺术脑"。它掌管韵律、想象、颜色、大小、形态、空间、创造力等，同时负担较多情绪处理，比较偏向直觉思考。

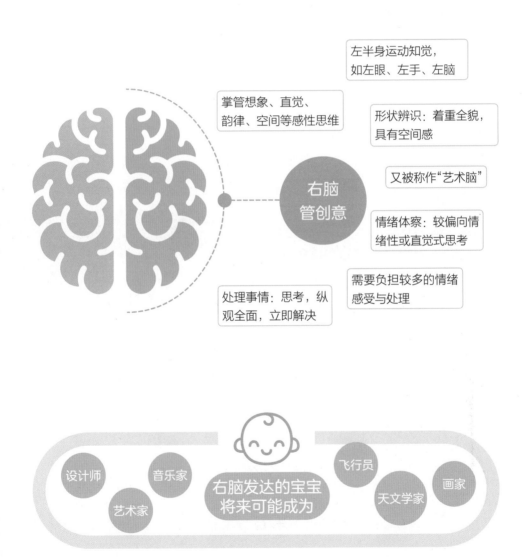

右脑开发方案

右脑的发育要早于左脑，因此在初生头 3 个月里，对宝宝右脑的开发训练更不容忽视。适合新生儿右脑开发的方案并不是很多，可参考如下方案。

| 小手摇摆 | 协调能力 | 认知能力 | 触觉能力 |

❖ 益智目标

帮助宝宝感受肢体运动的速度和节奏。

❖ 亲子互动

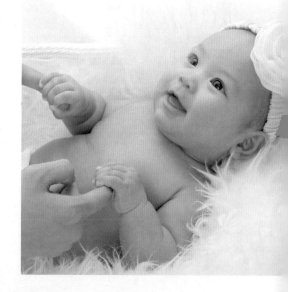

❶ 让宝宝躺在舒适的小床上，家长举起宝宝的一只小手，在宝宝的视野内晃动几下，引起宝宝对手的注意。

❷ 家长一边念儿歌"小手小手摆一摆，小手小手跑得快"，一边轻轻晃动宝宝的小手，让宝宝的视线追随着手的运动。在念"跑得快"时，以稍微快些的速度将宝宝的小手平放到身体两侧。

温馨提示

1 个月内的宝宝还不能认识到手是自己身体的一部分，通过这样的游戏，宝宝能一边看到手的运动，一边感受自己身体的运动变化，帮助宝宝认识到手与自己的关系，同时帮助宝宝感受到肢体运动的速度和节奏，锻炼其肢体协调能力。

父母都要多抱宝宝

交往能力　适应能力　触觉能力

✿ 益智目标

锻炼宝宝与不同的人相处的适应能力。

✿ 亲子互动

父母都要参与宝宝的照顾，经常抱起宝宝，替他洗澡、换尿布、穿衣服，逗引宝宝笑等。宝宝很快会发现爸爸的抱法与妈妈有所不同，比如爸爸的动作更快捷有力等。宝宝在这种不同的照顾方式中，会逐渐增强适应能力。

温馨提示

由于宝宝小，暂时只能适应2～3个人照顾，如果经常换人照顾宝宝，会让宝宝产生不安全感。宝宝需要适应不同的人的不同照顾方式，从小得到父母照顾的宝宝，适应能力会比较强，而且能与父母用互动的方式交流，容易产生感情。

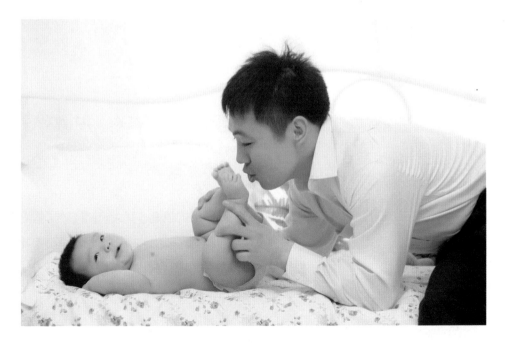

育儿微课堂

新生儿睡觉需要枕枕头吗？

A 新生儿是不需要枕头的，因为他的脊柱是直的，在平躺时，后背与后脑自然处于同一平面上，垫上枕头反而容易造成脖颈弯曲，影响呼吸或者会因颈部肌肉紧绷而引起落枕。

用母乳喂养的宝宝，一天里大便的次数达10多次，这是为什么？

A 用母乳喂养的宝宝，大便的次数几乎与哺乳的次数相等。大便是食物养分被吸收后留下的渣滓。成年人肠道中的大便积存到一定程度后，才排出体外，而新生儿身体机能尚未成熟，哺乳后，胃会扩张，造成肠道出现反射性蠕动，将大便排出体外。因此，如果宝宝没有出现异常，只是大便次数多一些，没有必要担心。

为什么宝宝经常分泌眼眵，引起眼角发红？

A 宝宝的眼睛经常会因结膜炎或鼻泪管堵塞等分泌眼眵。结膜炎的症状是出生后2～5天内眼眵数量多、结膜红肿、眼球充血等。大部分情况是因为在分娩的过程中感染细菌而造成的，只要根据病因使用抗生素，就会有所好转。鼻泪管堵塞是指泪水流入咽喉的通道还没完全打通，从而造成泪水留存在眼睛里，导致眼眵分泌过多。轻柔按压眼鼻之间的泪囊，情况会有所好转。

为什么宝宝会经常受惊？

A 宝宝出生时，有一种本能反射。突然发出很大的声响，或者用冰凉的东西触碰宝宝的手，宝宝就会像受惊似的两手左右分开，做出挣扎的样子，直到出生后 5 个月左右，这样的反射会慢慢消失。

宝宝衣服是否可以跟大人的衣服一起洗涤？

A 不建议宝宝衣服与大人衣服同洗。宝宝肌肤较娇嫩，大人衣服一般是用洗衣粉或肥皂洗涤，这种碱性洗涤用品容易刺激宝宝皮肤。所以，建议宝宝衣物与大人衣物分开洗涤，使用专用的宝宝衣物洗涤液。

宝宝已经有 3 天没有大便了，是不是便秘了？

A 便秘是指长期不能大便或大便太硬的情况。随着年龄的增长，宝宝肠道的消化吸收功能越发完善，使得形成大便的渣滓减少，导致大便的次数相应减少。如果宝宝大便时并不是太吃力，超过 3 天没有大便也是正常的。

宝宝抱着睡得挺香，一放下就立刻啼哭，怎么办？

A 父母抱着宝宝睡觉时，宝宝的心理上处于最安定的状态，一旦将宝宝放到床上，宝宝就容易因心里感到不安而哭闹。如果父母焦急地想尽快让宝宝睡觉，宝宝反而会意识到这种情绪而放声啼哭。因此，父母应耐心用手拍打宝宝的后背或前胸，等宝宝睡熟后再轻轻将其放下。

本章小结

记录宝宝的成长点滴

分类	游戏	方法	第一次出现的时间	最令你难忘的记忆
认知	看脸谱	将脸谱或其他图片放在宝宝正面 20 厘米处，宝宝能注视 7 秒以上	第__月 第__天	
	视觉定向	在距宝宝头部 10 厘米处发声引逗宝宝，他可以转头寻找声源	第__月 第__天	
	追视	宝宝头躺正，仰卧位，大人拿红色塑料玩具或毛绒球在他眼前 30 厘米左右处晃动，他可以追视并转头	第__月 第__天	
	认识妈妈	宝宝看到妈妈时，表情、动作和见到别人完全不一样，很兴奋	第__月 第__天	
语言	喉音	可以发出细小的喉音	第__月 第__天	
	发音	逗宝宝，他能发"啊""喔""呜"等音	第__月 第__天	
	"交谈"	在宝宝高兴时逗引他，他能四肢弹动，做出不同回应，并且可以"大声"叫喊	第__月 第__天	
情绪与社交	笑	宝宝第一次冲你微笑	第__月 第__天	
	逗笑	挠痒痒时，宝宝可以发出"咯咯"的笑声	第__月 第__天	
	照镜子	俯卧抬头时，将镜子放到宝宝面前，他会对着镜子注视、笑、发声	第__月 第__天	

分类	游戏	方法	第一次出现的时间	最令你难忘的记忆
动作	抬头	宝宝俯卧抬头并可以左右转动头部	第＿月 第＿天	
		宝宝俯卧在床上，用声音或玩具吸引他，可以抬头45°	第＿月 第＿天	
		仰卧抬头可达90°	第＿月 第＿天	
	扶坐	双手扶宝宝上臂外侧，他的头能竖直2秒以上	第＿月 第＿天	
	手部动作	宝宝可以握住大人的手指或笔杆10秒以上	第＿月 第＿天	
		仰卧位时宝宝能看自己的小手5秒以上（不能穿太厚）	第＿月 第＿天	
		宝宝仰卧位时上肢能自由活动，两手能在胸前互握	第＿月 第＿天	
	翻身	宝宝仰卧于床上时，用玩具在床一侧逗引，宝宝可以从仰卧位翻至侧卧位	第＿月 第＿天	
自理	吞咽	用勺给宝宝喂水，会吸吮吞咽	第＿月 第＿天	

3个月宝宝身体发育参照指标

项目	男宝宝（均值）	女宝宝（均值）
体重（千克）	6.8	6.2
身长（厘米）	62.2	60.8
头围（厘米）	40.5	39.5

注：数据参考卫生部妇幼保健与社区卫生司发布的《中国7岁以下儿童生长发育参照标准（2022版）》，后同。

给宝宝洗澡的学问

对新手父母来说，给宝宝洗澡是每天都必不可少的"大行动"。如何使宝宝既能干干净净，又能开心愉快呢？下面就来了解一下吧。

最好每天洗澡

新生儿的身体会产生大量的分泌物，因此最好能每天给宝宝洗澡。洗澡可以促进宝宝的血液循环，解除宝宝的疲劳，增进宝宝的食欲，保证宝宝的睡眠质量。另外，还可以让宝宝回忆起在妈妈的肚子里的感觉。

水温应在 37℃左右，室温应在 26℃~28℃

洗澡的水温度应为 37℃左右，室温应为 26℃~28℃。父母查看水温是否合适，可以使用温度计测量，也可以用身体感受，一般是用肘弯试水，感到不冷不热即可。

在洗澡的过程中应特别注意，水温不能太高，以免烫伤宝宝；水温也不能太低，以免宝宝受凉。

不要给刚吃完奶或睡眠中的宝宝洗澡

我爱洗澡，皮肤好好

最佳的洗澡时间是上午 10 点到下午 2 点之间。不要给刚刚吃完奶或睡眠中的宝宝洗澡。最好在吃奶前 1 个小时到半个小时，宝宝处于清醒状态时洗澡。

每次洗澡的时间不超过 10 分钟

洗澡的时间太长，宝宝会感到疲乏，因此最好控制在 5~10 分钟。

给宝宝洗澡的步骤

- **准备洗澡水**

  在浴盆里放半盆水，先放冷水，再放热水，水温保持在 37℃ 左右。

- **洗脸洗头**

  将宝宝放入浴盆之前要先给宝宝洗脸洗头。洗脸时，用一只手托抱宝宝，另一只手将小毛巾或纱布稍拧干后，先擦洗宝宝的眼睛，再擦洗额头、脸及耳后，最后清洗鼻孔及耳朵。洗头时，用一只手垫住宝宝的颈部，然后稍稍抬起宝宝的头部，用托住宝宝颈部的手的大拇指和无名指捂住宝宝的耳孔，以防水流进去，然后用另一只手给宝宝洗头。在洗脸洗头时看着宝宝的眼睛，这样能稳定宝宝的情绪。

- **泡水**

  用婴儿服或毛巾包裹宝宝的身体，然后从臀部开始，让他轻轻接触温水，等宝宝适应水温后，再将他慢慢地放入水中，避免宝宝受到惊吓。

- **除去衣服**

  首先用温水打湿宝宝的前胸，然后把宝宝全身都泡在水中，最后把裹在宝宝身上的衣服或毛巾除去。

- **洗前胸和后背**

  先洗宝宝的颈部和前胸，然后将宝宝翻转过来，用一只手托住宝宝的颈部和胸脯，清洗其后背和臀部。

- **洗手臂、腿部和手脚**

  先洗手臂和腿部，再仔细地清洗宝宝紧握的小拳头和脚。

- **洗隐私部位**

  男孩洗睾丸周围，女孩洗阴唇周围。

- **冲洗**

  洗完所有部位后，用温水将宝宝全身轻轻冲洗一下。

- **抱出浴盆**

  把宝宝抱出浴盆后，不要急着给宝宝穿衣服，先用浴巾裹着，迅速把头擦干，等全身彻底干了，再给宝宝穿衣服，这样就不易受凉感冒了。

- **洗澡后每天坚持给宝宝做抚触**

  皮肤是人体接受外界刺激的最大的感觉器官，是神经系统的外在感受器。要坚持每天洗澡后给宝宝做抚触，刺激宝宝的脑细胞和神经系统，促进大脑发育。

  婴儿抚触的顺序为从上到下、从前到后。需要注意的是，在给宝宝做抚触时，一定要和宝宝有眼神和语言的交流。

Part
2

4~6 个月
会坐着与人招手了

完美营养

从母乳中获取所需营养

宝宝在这个阶段仍能从母乳中获得生长所需要的营养，宝宝每天所需要的热量为每千克体重 400 千焦左右。母乳喂养充足的宝宝不用急于添加其他辅食，仅喂些鲜果汁、米汤、菜汤就可以了。待母乳不足时，再逐渐添加辅食。

这时候的宝宝对碳水化合物的消化吸收比较差，对母乳的消化吸收能力强，对蛋白质、矿物质、脂肪、维生素等营养成分的需求可以从乳类中获得。

什么时候可以添加辅食

时期	注意事项
宝宝消化器官和肠功能发育到一定程度	宝宝初生的前 3 个月不能消化母乳及奶粉以外的食物，因其肠功能未发育成熟，其他食物容易引起过敏反应，如果出现反复的食物过敏，有可能引起宝宝消化器官萎缩。所以，最好在宝宝消化器官和肠功能发育成熟到一定程度后，再开始添加辅食
宝宝开始对食物有兴趣	随着消化酶的活跃，在第 4 个月时宝宝的消化功能逐渐发达，唾液的分泌量不断增加。这个时期的宝宝会突然对食物感兴趣，看到大人吃东西时，自己也会张嘴或朝着食物倾斜上身，这时就应准备添加辅食了
宝宝的推舌反射消失	每个新生儿都有用舌头推掉放进嘴里的除液体以外的食物的反射，这是一种防止造成呼吸困难的保护性动作。推舌反射一般消失于宝宝脖子能挺起的 4 个月前后。把勺子放进宝宝口中，宝宝没用舌将勺子推掉，这时就可以开始添加辅食了
宝宝能挺直头和脖子	最初的辅食一般是流质的，不能躺着喂，否则有堵住宝宝呼吸道的危险，所以，应在宝宝可以挺起头和脖子时再开始添加

开始先喂流质辅食

给宝宝喂辅食，不仅是为了补充更多的营养，也是锻炼宝宝吞咽固体食物的能力，锻炼咀嚼吞咽需要唇齿之间的配合，对宝宝以后的语言发展也起到至关重要的作用，所以，最好不要用奶瓶喂辅食，应试着用勺一口一口地喂。在断奶的初期，宝宝的消化功能还没有发育完全，最好给宝宝喂糊状辅食。

辅食添加的过程

喂水果

从过滤后的鲜果汁开始，到不过滤的纯果汁，到用勺刮的水果泥，再到切的水果块，最后到让宝宝自己拿着整个水果吃。

喂菜

从过滤后的菜汁开始，到菜泥做成的菜汤，然后到菜泥，再到碎菜。

喂谷类

从米汤开始，然后是米糊，再往后是稀饭、稠粥、软饭，最后到正常米饭。面食的喂食顺序是面条、面片、疙瘩汤、饼干、面包、馒头、饼等。

喂肉蛋类

从鸡蛋黄开始，到整个鸡蛋，再到鸡肉、猪肉、羊肉、牛肉、鱼肉等。

适合这个阶段宝宝食用的食物：米粉、菜汁、果汁、胡萝卜汁、蛋黄等。

如何预防食物过敏

为了预防过敏，给宝宝添加辅食时，要注意先添加单一的食品，因为一旦发生过敏，就能准确找到引起过敏的食物。

一旦出现某种食物过敏，就不要再接着喂宝宝这类食物了，但是过敏现象可能会自动消失，所以，隔一段时间之后可以再少量尝试。

此外，过敏体质的宝宝的过敏症状不会那么容易消失，在此期间，妈妈能做的就是继续喂宝宝母乳，添加辅食以米糊或菜汤为主，并避免宝宝接触致敏食物。等宝宝慢慢长大以后，过敏症状会部分缓解。

4～6个月宝宝授乳和辅食的完美结合

时期	4个月	5个月	6个月
授乳次数	一日4~6次	一日4~6次	一日4~6次
每次授乳量	配方奶150~200毫升，或双侧乳房充分喂	配方奶150~200毫升，或双侧乳房充分喂	配方奶150~200毫升，或双侧乳房充分喂
辅食程度	倾斜勺子能流淌的米粉		酸奶稠度的粥
辅食次数	1天1~2次		1天2~3次
一次喂的量	无固定量		酸奶容积的1/2盒（60克左右）~1盒（120克左右）
可以吃的食材	米粉、1~2种菜泥、蛋黄糊	4个月的食材，增加不同种类的菜泥和蛋黄	5个月的食材，增加蛋羹和其他1~2种菜泥
注意事项	米糊喂3~7次后，再开始添加一种蔬菜泥，间隔3~7天再添加另一种新食物；混着吃时，从已喂过的食材开始吃		基本按4~5个月的方式进行

注意避免宝宝进食时的呛咳

喂宝宝喝水时，速度一定要控制得恰当适宜，宁可慢一些也不要过分急躁。有些父母会将宝宝发生呛咳归罪于宝宝自己吞吸得太急，但是奶瓶在父母手上，父母可通过控制奶瓶的倾斜度及奶嘴孔的大小来控制宝宝吸奶的速度。

突然或反复吸呛时，可能会造成严重的吸入性肺炎，这可能是宝宝口咽部异常导致，最好带宝宝去医院，让儿科医生好好检查一番。

宝宝哭泣、呼吸急促或气喘时，吃东西也容易呛到，所以要避免让宝宝边哭边吃。

宝宝不爱吃辅食怎么办

给宝宝做示范

有的宝宝是因为不习惯咀嚼而用舌头将食物往外推。在这个时候，父母不要单纯以为是宝宝不爱辅食的味道，而应该给宝宝做好示范，教宝宝如何咀嚼食物和吞咽食物。父母在示范时，可以放慢速度多做几次，让宝宝有学习的机会。

不要喂得太多或太快

父母应该按照宝宝的食量来喂食，宝宝不想吃了就不要硬塞。喂食时，速度不要太快。喂完后，给宝宝休息的时间，不要剧烈活动，也不应立即喂奶。

辅食多样化

宝宝的辅食要富于变化，这样能刺激宝宝的食欲。可以在宝宝原本喜欢吃的食物中添加新的原材料，分量由少到多，烹调方式上也应该多换换花样，这样能让宝宝更易接受。宝宝在长牙后就开始喜欢有嚼感的食物，父母要及时调整食物的软硬度，如可以将水果泥改成水果片。食物也要注意色彩的搭配，激起宝宝的食欲。

4~6 个月宝宝营养食谱推荐

蛋黄泥

材料　生鸡蛋1个。

做法

1. 将鸡蛋放入锅中煮熟。
2. 取出鸡蛋，去壳，取蛋黄，再加适量温开水调匀即可。

功效: 蛋黄含卵磷脂，能促进神经系统发育。

悉心教养

各月龄段意外事故及预防

月龄	多发事故	预防措施
新生儿	窒息	不要喂着奶陪睡；新生儿睡着时头部需侧向一边；冬季勿盖过于厚重的被子
	低温烫伤	不要用电热毯或热水袋
	坠落伤	抱紧新生儿，父母要穿稳定性好、防滑的鞋
	指趾端坏死	手套、脚套、袜子等的内壁不要有线头
1～6个月	窒息	塑料袋或绳带有可能覆盖或缠绕头部及颈部造成窒息
	烫伤	注意煤气灶、烧水壶和热水瓶等
	坠落伤、撞伤	床的护栏至少高于宝宝胸部，不要有可以踩的横档
	误服、中毒	宝宝旁边不放危险物或小东西
	宠物咬伤	宝宝要减少接触家中养的宠物
7～12个月	跌落伤	不要让宝宝在高度在 50 厘米以上的空间独自活动
	烫伤	注意热锅、烧水壶和热水瓶等，洗澡应先放冷水再放热水
	误服、中毒	危险物应放在宝宝够不到的地方

别让宝宝睡扁了头

宝宝的骨骼比较软，受到外力时容易变形。如果长时间朝同一个方向睡，宝宝头部重量势必会对接触床面的那部分头骨产生持久的压力，致使那部分头骨逐渐下陷，最后导致头形不正，影响外观。另外，宝宝睡觉时容易偏向妈妈一侧，在喂奶时也会把头转向妈妈一侧。为了不影响宝宝的头骨发育，妈妈应该经常和宝宝调换睡眠位置。

避免头型不正的方法比较简单，即在出生后的头几个月，让宝宝经常改变睡眠方向和姿势。具体做法就是，每隔几天让宝宝由左侧卧改为右侧卧，然后再改为仰卧。如果发现宝宝头部左侧扁平，就应尽量使其睡眠时脸部朝向右侧；如果发现宝宝头部右侧有些扁平，就尽量让其睡眠时脸部朝向左侧。

宝宝夜啼不止，父母要多长个心眼

三四个月的宝宝突然夜里啼哭不止，父母摸不着头脑，急忙跑去找医生，可是也查不出明显的病理性的症状，这是怎么回事呢？

导致宝宝夜啼的原因很多，父母要想到多种可能：

- 没吃饱，因饥饿而哭。此时给宝宝哺乳，吃饱了自然就不哭了。
- 佝偻病，因缺钙而夜惊、烦躁。
- 白天未做户外活动，宝宝摄入的能量无法通过运动消耗掉。这样的宝宝要增加户外运动，白天少睡点儿觉，睡眠改善之后夜啼自然就减少了。
- 宝宝生病了，肚子痛。这时如果敲敲宝宝的肚子，感觉像敲鼓一样砰砰作响；趴在宝宝肚子上听，可听到咕噜咕噜的肠鸣音；大便的性状也发生了改变，就基本上可肯定是肚子痛了。这时最好找医生处理。
- 宝宝患其他疾病也会啼哭。此时要测体温，看嗓子，查耳道有无流脓等。
- 睡眠环境不舒适宝宝也会哭。注意室温、湿度、室内空气流通、光线明暗、环境噪声大小等，给宝宝提供良好的有利于睡眠的环境，可减少夜啼。
- 父母在带宝宝时应减少焦虑，否则不良情绪会使宝宝不安，也会导致其哭泣。

宝宝的纸尿裤别包裹得太紧

不少父母缺少经验，给宝宝使用纸尿垫、纸尿片、纸尿裤时裹得太紧、更换得不勤，导致宝宝出现红屁股。因此给宝宝裹纸尿裤时要选择透气性强的产品，随时留意宝宝的反应，及时为宝宝更换纸尿裤。

从小保护宝宝的眼睛

许多宝宝在婴幼儿时期就患有弱视、斜视及其他眼病。保护宝宝的眼睛，必须从婴幼儿时期做起。由于父母在宝宝小时候没有及时发现并治疗，其到了上学年龄，眼病相继发作，这是造成许多小孩视力低下的主要原因。

- 从出生那天起，就应给宝宝备有专用的毛巾和手帕，防止感染沙眼。
- 宝宝看东西时要经常调换方向，避免斜视。
- 夏天在烈日下应给宝宝戴太阳帽以保护眼睛。
- 家中照明应以柔和的日光灯为宜，不要让宝宝在黑暗处看书写字。

常用婴儿车带宝宝玩耍

6个月的宝宝会坐了，父母可以经常用婴儿车带他出去玩。带宝宝出去散步时，应尽量选择平坦的道路，减少颠簸。在购儿童车时，要买车轮大些、座位高些的，有的车座位太低，宝宝离地面太近，很不卫生。

保护宝宝灵敏的小耳朵

给宝宝一个自然的有声世界

生活中充满着各种各样的声音，人说话的声音、汽车驶过的声音、开门关门的声音、电视的声音、风声、水声……要让宝宝常常听到这些声音，学习适应外界的环境。因此，除了要避开如工程施工、装修等过于嘈杂的环境，不需要刻意将宝宝放在安静的环境中。

创造丰富的声音环境

听觉是宝宝的重要感觉。为了促进宝宝的听觉发展，除了生活中的各种声音，父母还可以为宝宝打造一个充满动人声音的环境。

让柔和曼妙的音乐自然地流淌在空气中，这能刺激宝宝的听觉，还有利于宝宝保持良好的情绪。

和宝宝玩会发出声音的玩具，像音乐盒、铃鼓、捏一下就会叫的小球或橡胶娃娃等，吸引宝宝转头注视，甚至伸手去抓，这对宝宝的听觉、视觉和动作的发展都大有裨益。

父母要多对宝宝说话，给他唱歌，对他笑，陪他玩，这不仅能促进听觉发育，对宝宝将来的语言学习也有帮助，还有助于建立亲密的亲子感情。

小围嘴大用处

宝宝的口水流个不停，常常弄湿衣领和前襟，这时候就要小围嘴来帮忙了。宝宝围上围嘴，既能避免口水弄湿衣服，还能使宝宝更卫生、更漂亮。

选款式

市场上，有不少种类的围嘴，有背心式的，也有罩衫式的。有些围嘴在颈部后面系带，能调节大小，更适合跨月龄长期使用。父母可以给宝宝买一个既方便穿脱又大小合适的。注意，围嘴不要太重，四周也不需要过多装饰，大方实用就行。

挑面料

纯棉的围嘴吸水性更强，且柔软透气，如果底层有不透水的塑料贴面就更好了，宝宝喝水、吃饭、流口水时都不会弄湿衣服。要注意的是，不要给宝宝用纯橡胶、塑料或油布做成的围嘴，不仅不舒服，还容易引起过敏。

使用要点

围嘴不要系得过紧，尤其是颈后系带式的围嘴。在宝宝独自玩耍时，最好将围嘴摘下来，以免造成窒息。不要拿围嘴当手帕使用，擦口水、眼泪、饭菜残渣还是用纸巾或者手帕比较好。

围嘴应经常换洗，保持清洁和干燥，这样宝宝更舒适。

快乐益智

左脑开发方案

事实上，不管多小的宝宝都具有学习能力。但在具体训练过程中，要根据宝宝的实际情况加以引导，发展宝宝多方面的能力。在这个阶段，对宝宝进行动作、语言、社交等方面的能力训练是很有必要的，也是进行早期智力开发的重要手段。

逗引发音　　语言能力　理解能力

❤ 益智目标

诱导宝宝发出不同的声音，来表达不同的要求，从而初步培养宝宝的语言能力。

❤ 亲子互动

❶ 用亲切温柔的声音，面对着宝宝，使他能看得见口型。

❷ 试着对他发出"啊""喔""呜""呃"的音，逗着宝宝笑一笑，玩一会儿，来刺激他发出声音。

画

唐·王维

远看山有色，
近听水无声。
春去花还在，
人来鸟不惊。

一去二三里

宋·邵康节

一去二三里，
烟村四五家。
亭台六七座，
八九十枝花。

听懂一种物品的名称

✿ 益智目标

让宝宝听懂第一种物品的名称，并能将名称与物体相联系，这是他日后学习语言的基础。

✿ 亲子互动

① 从宝宝 130 天开始，父母抱着宝宝坐在桌子旁，用手拧开台灯。

② 父母不停开关台灯，让它一会儿亮，一会儿灭，来吸引宝宝的视线。

③ 等宝宝的目光注视台灯时，父母要说"台灯"，并拿着宝宝的手摸摸灯罩，即使宝宝没有反应，父母也要不停地重复该动作。

④ 让灯亮着，父母抱着宝宝离开桌旁，当宝宝的视线离开灯时，父母再说"台灯"，看宝宝是否回头看台灯。如果成功，要再练习几次，并让宝宝在房间的不同角度用视线找到台灯。

⑤ 如果当天没有成功，第二天可以再试试，多数宝宝可在 145 天左右学会。

温馨提示

有的宝宝喜欢看会走的汽车或者动物，父母应该注意宝宝这方面的兴趣，从而用他喜欢的物品进行训练，让宝宝认识它。

小老鼠上灯台

语言能力　模仿能力　反应能力

✿ 益智目标

感受儿歌的节奏，增加对语意的理解。

✿ 亲子互动

1. 给宝宝看小老鼠的卡片，或者拿小老鼠玩具和宝宝一起玩，并告诉宝宝："这是小老鼠，小老鼠最喜欢偷油吃了，小老鼠最怕大花猫。"

1. 给宝宝绘声绘色地表演儿歌，念到"叽里咕噜滚下来"时，可以让小老鼠玩具做滚动的动作，帮助宝宝理解语言的意思。

小老鼠，上灯台，

偷油吃，下不来，

喵喵喵，猫来了，

叽里咕噜滚下来。

温馨提示

3 岁之前的宝宝对韵律节奏有着天然的感悟力，但语言能力相对弱一些。对宝宝来说，儿歌是比较容易接受的语言形式，能锻炼宝宝的语言能力。所以，父母要多给宝宝念儿歌。

右脑开发方案

到了这个阶段，宝宝会急切地渴望见到一些新画面，父母可根据这些特点来培养宝宝。在训练中绝不能强迫宝宝，不论进行怎样的训练，父母都要记住及时表扬、鼓励宝宝，以增加他学习的兴趣。

追视惯性车　　语言能力　　理解能力

✤ 益智目标

让宝宝学会远距离追视，为以后追着玩和爬行做准备。

✤ 亲子互动

① 抱宝宝坐在有大镜子的梳妆桌旁，父母在桌上推动一个惯性车。

② 等从镜子里看到宝宝用眼睛甚至动手去追惯性车时，让宝宝俯卧在地垫上，趁他用手支撑上身时，在地垫上推动惯性车，让宝宝做远距离的追视。

温馨提示

父母移动惯性车时，要让惯性车始终保持在宝宝的视线内。

藏猫猫

社交
能力

反应
能力

记忆
能力

益智目标

让宝宝练习主动控制游戏，从而激发其内心的主动性。

亲子互动

① 父母用一条手帕或一件干净的衣服盖住自己的脸，让宝宝掀开。

② 用手帕或衣服盖住宝宝的脸，让宝宝自己掀开。

③ 让宝宝用手帕或衣服盖住自己，由父母将覆盖物掀开。

④ 让宝宝主动盖住自己，等大人来时，自己掀开覆盖物来逗人笑，让他自己操作全过程。

温馨提示

5个多月的宝宝大多数能做到第2步，即让父母用覆盖物盖住自己，然后自己掀开同大人玩耍，只有个别宝宝能把自己盖起来让大人寻找。

✿ 益智目标

　　提高宝宝的交往热情，锻炼宝宝的交往能力。

✿ 亲子互动

❶ 准备一个大熊玩具，放在床上。打扮好宝宝，告诉他："宝宝，咱们去做客了，去看熊宝宝。看宝宝打扮得多漂亮啊，咱们出发吧！"

❷ 抱着宝宝去床边，跟宝宝说："宝宝，咱们到了，进去跟熊宝宝问好。"走到床边，妈妈将宝宝放在大熊旁边，拉着宝宝的手和大熊的手，教宝宝说："熊宝宝好，我们来看你了。"

❸ 让宝宝跟熊宝宝玩一会儿，跟宝宝说："宝宝，咱们该回家了，跟熊宝宝说再见！"

温馨提示

　　在做客期间，可以即兴增加一些内容，如扮演大熊跟宝宝对话等，让宝宝充分感受做客的快乐。

育儿微课堂

宝宝每次吃奶量为 180 毫升左右，最近减少到 80 毫升左右，或者干脆不吃，怎么办？

A 从出生 2～3 个月以后起，宝宝会自行调整食欲和吃东西的分量，主要表现为突然减少食量或不愿吃东西，但只要宝宝的身体和情绪没什么太大的变化，就没必要过于担心。经常强行让宝宝吃东西的话，反而会使宝宝没有饥饿感，更不想吃任何东西。最好是间隔 3～4 小时喂食，不限制数量，宝宝愿吃多少就吃多少。不过，如果宝宝的体重增加不理想的话，就应去医院检查一下。

宝宝还不能支撑脖子，外出时该怎么办？

A 要在宝宝能够自行支撑脖子以后，再将宝宝背在后背上外出。在这之前，可以利用能够托住宝宝头部、脖子和后背的襁褓或婴儿背带。要根据妈妈的实际情况挑选婴儿背带，如妈妈有腰痛现象的话，可以选择 X 型的；有肩痛现象的话，可以选择 V 型的。

4 个月的宝宝能让他坐起来吗？宝宝自己坐起来会导致脊柱弯曲吗？

A 出生 4 个月就让宝宝独自坐起来，的确太早了，一般在出生 6 个月以后宝宝才能独自坐起来。不过，"太早坐起会导致脊柱弯曲"是没有根据的，关键看宝宝是否愿意。要是宝宝不愿意的话，就不应强行让宝宝坐起来；要是宝宝愿意坐的话，也没什么关系。

宝宝4个月了，脖子还是不能直立，怎么办？

A 一般出生3个月左右，宝宝的脖子就能直立。过了4个月，脖子还不能直立，很可能是一种病态。除了脖子是否能直立，还应仔细观察宝宝其他的发育情况，如身长、体重增加的情况等。同时，可以主动寻求儿科专业医生的帮助。

宝宝不大喜欢奶粉，每次只喝50~60毫升，是不是应该强行喂奶粉呢？

A 出生4~5个月后，宝宝已经能分清哪个是妈妈的乳头，哪个是奶瓶的奶嘴了。一直用母乳喂养的宝宝，大部分不是不喜欢奶粉，而是不喜欢奶瓶的奶嘴，才不愿意喝奶粉的。如果不影响体重增加，就没必要强行喂奶，只要在出生5个月左右开始在辅食上多下功夫就行了。

米糊和市场上买来的辅食哪个好？可以喂市售果汁吗？

A 断奶初期喂米糊，可以让宝宝进行吞咽的练习，更重要的是可以让他尝到除了母乳或奶粉外的其他食物，增强其食欲。市场上出售的辅食，一般都是用各种谷物混合制成的，一旦引起过敏，无法知道是其中哪种谷物出了问题；市售的果汁往往含有防腐剂和色素等添加物，因此不建议给宝宝吃这两种食物。

本章小结

记录宝宝的成长点滴

分类	游戏	方法	第一次出现的时间	最令你难忘的记忆
认知	认生	家里出现生人或到新环境,宝宝会拒食、不笑或拒绝被生人抱	第__月 第__天	
	寻找掉下的玩具	让带响声的玩具掉在地上发出声音,宝宝会伸头或转身寻找	第__月 第__天	
	发觉玩具被拿走	宝宝在聚精会神地玩心爱的玩具时,突然拿走他的玩具,他会用自己的方式表示反抗	第__月 第__天	
动作	伸手击打	将宝宝脸朝前竖着抱起,他会伸手击打悬吊的带响声玩具	第__月 第__天	
		仰卧抬头达 90°		
	扶蹦	双手扶住宝宝腋下,使其站在平板床或父母腿上蹦跳,持续2 秒以上	第__月 第__天	
	手部动作	将积木放在宝宝面前,先从一侧递一个,再从另一侧递一个,宝宝可以两手各拿一个	第__月 第__天	
情绪与社交	藏猫猫	把脸蒙上,逗宝宝说:"妈妈在哪儿?"宝宝会笑着动手拉覆盖物	第__月 第__天	
	望镜中人	将宝宝抱在镜子前,逗引宝宝看镜中的父母和自己,他会对着镜子中的人笑	第__月 第__天	
	区别严厉与亲切	宝宝会对亲切表现表示愉快,对严厉表现感到不安而哭泣	第__月 第__天	

分类	游戏	方法	第一次出现的时间	最令你难忘的记忆
语言	发辅音	挠痒痒使宝宝高兴，他会无意识地发出辅音	第__月 第__天	
	听名回头	父母在宝宝背部或侧面呼唤宝宝名字，宝宝会转头注视并笑	第__月 第__天	
	模仿发辅音	宝宝高兴时，父母与他面对面发辅音，让他模仿	第__月 第__天	
	听声看物	抱起宝宝，问他："灯在哪儿？"宝宝会看或指着灯	第__月 第__天	
自理	张口舔	用勺喂宝宝米粥或米粉时，他可以张口舔食	第__月 第__天	
	自喂饼干	给宝宝一块磨牙饼干，他能自己放到口中吃	第__月 第__天	
	大小便前有表示	宝宝大便和小便前，会发出声或用动作表示	第__月 第__天	

6个月宝宝身体发育参照指标

项目	男宝宝（均值）	女宝宝（均值）
体重（千克）	8.4	7.8
身长（厘米）	68.7	67.1
头围（厘米）	43.4	42.2
出牙情况	牙数0~2颗	

新手爸妈"婴语四六级"
——解读宝宝的哭

类型	含义	表现	对策
健康性啼哭	"妈妈，我很健康"	健康的哭声抑扬顿挫，不刺耳，声音响亮，节奏感强，没有眼泪流出。每日累计啼哭时间可达2个小时，一般每天4~5次，均无伴随症状，不影响饮食、睡眠及玩耍，每次哭的时间较短	如果你轻轻地抚摸他，或朝他微笑，或者把他的两只小手放在腹部轻轻摇两下，宝宝就会停止啼哭
饥饿性啼哭	"妈妈，我饿了，要吃奶"	这样的哭声带有乞求的意味，由小变大，很有节奏，不急不缓。当妈妈用手指触碰宝宝面颊时，宝宝会立即转过头来，并有吸吮动作，若把手拿开，不喂哺，宝宝会哭得更厉害	一旦喂奶，哭声就戛然而止。宝宝吃饱后不再哭，还会露出笑容
过饱性啼哭	"哎呀，肚子好撑"	多发生在喂哺后，哭声尖锐，两腿屈曲乱蹬，伴有溢奶或吐奶。若把宝宝腹部贴着妈妈胸部抱起来，哭声会加剧，甚至呕吐	过饱性啼哭不必哄，哭可加快消化，但要注意防止呛奶
口渴性啼哭	"妈妈，我口渴了，给我点儿水喝"	表情不耐烦，嘴唇干燥，时常伸出舌头舔嘴唇	给宝宝喂水，啼哭即会停止
意向性啼哭	"妈妈，抱抱我吧"	啼哭时，宝宝头部左右不停地扭动，左顾右盼，带有颤音。妈妈来到宝宝跟前，哭声就会停止，宝宝盯着妈妈，很着急的样子，伴有哼哼的声音，小嘴唇翘起	抱抱宝宝，他就会停止哭泣。但是也不必一哭就抱起来，否则久而久之会形成依赖

类型	含义	表现	对策
寒冷性啼哭	"衣被太薄，我好冷啊"	哭声低沉，有节奏，哭时肢体稍动，小手发凉，嘴唇发紫	为宝宝加衣被，或把宝宝放到暖和的地方
燥热性啼哭	"盖太多了，好热"	大声啼哭，不安，四肢舞动，颈部多汗	为宝宝减少衣被，移至凉爽的地方
困倦性啼哭	"好困，但又睡不着"	啼哭呈阵发性，一声声不耐烦地哭叫，这就是我们常说的"闹觉"	宝宝闹觉，常因室内人太多，声音嘈杂，空气污浊，过热。让宝宝在安静的房间躺下来，他很快就会停止啼哭，安然入睡
疼痛性啼哭	"扎到我了，好痛啊"	哭声比较尖利	妈妈要及时检查宝宝的被褥、衣服中有无异物，皮肤有无蚊虫咬伤
害怕性啼哭	"好孤独啊，我有点儿害怕"	哭声突然发作，刺耳，伴有间断性号叫	害怕性啼哭多由于恐惧黑暗、独处、小动物、打针吃药或突如其来的声音等。父母应细心体贴地照顾宝宝，消除宝宝的恐惧心理
便前啼哭	"我要拉屁屁了"	宝宝感觉腹部不适，哭声低，两腿乱蹬	及时引导宝宝排泄
伤感性啼哭	"我感到不舒服"	哭声持续不断，有眼泪，没有及时给宝宝洗澡、换衣服，被褥不平整或尿布不柔软时，宝宝就会伤感地啼哭	常给宝宝洗澡，勤换衣服，保证宝宝处于舒适的环境中
吸吮性啼哭	"吃着不舒服，好着急"	多发生在喂水或喂奶 3~5 分钟后，哭声突然，阵发	往往是因为奶、水过凉或过热，奶嘴孔太小而吸不出奶、水，或奶嘴孔太大致使奶、水太多而呛着等。检查原因，解决宝宝吃奶的障碍

Part
3

7~9 个月
爬爬更聪明

完美营养

不要浪费母乳

到了宝宝第 7 个月时，妈妈的母乳如果仍然分泌得很好，还不时感到胀奶，甚至向外喷奶的话，就没有必要减少母乳的次数。只要宝宝想吃，就给宝宝吃，不要为了给宝宝添加辅食而把母乳浪费掉。

如果宝宝仍然在晚上起来要奶吃，妈妈不要因为已经开始添加辅食，进入半断奶期了，就有意减少母乳。妈妈还是要喂奶，否则宝宝容易成为"夜哭郎"。

配方奶仍然重要

人工喂养的宝宝可能比母乳喂养的宝宝更喜欢吃辅食。这时候，妈妈应该掌握辅食的量，即使是配方奶，对这几个月的宝宝来说，其营养价值也是超过米面食品的。因此，配方奶仍然是这个阶段的人工喂养宝宝的主要营养来源，不能完全用辅食来代替。

喂半固体食物，锻炼咀嚼能力

这个阶段的宝宝一定要添加辅食，使其慢慢适应吃半固体食物，但每天的奶量仍不变，分 4 次喂食。在喂奶前给宝宝喂辅食，如米糊、软烂面条或稠粥等，量不要太多，不足的部分用母乳或配方奶补充，等宝宝习惯辅食的味道后，再逐渐用一餐辅食完全代替一餐母乳或配方奶。辅食以谷类食物为主，同时加入蔬菜、水果、蛋黄、鱼泥、肉泥、肝泥等，并且添加一些豆制品。肝泥可在这个月添加，每周 1~2 次。这个阶段的宝宝有的已长出门牙，辅食中加入固体食物，有助于锻炼宝宝的咀嚼能力，以利于牙齿及牙龈的发育。

把握好辅食的品种和数量

这个时期可为断奶做准备，需要添加的辅食是以蛋白质、维生素、矿物质为主要营养素的食物，包括蛋、肉、蔬菜、水果等，其次是含碳水化合物的食物。此外，妈妈不能单单把喂了多少粥、面条、米粉作为添加辅食的标准，因为奶和米、面相比，营养成分要高得多。因此，吃了小半碗粥，就让宝宝少吃一瓶奶的做法是不对的。

谨防喂出胖宝宝

> 1~12 个月宝宝正常体重 = 出生体重 + 月龄 ×0.7

一般来说，宝宝的发育有个基本的水平，如果体重超出同年龄、同性别、同身高宝宝均值的 20%，就属于肥胖了。

在饮食方面，父母不要以填鸭的方式不停地让宝宝吃东西。一般来说，3 个月以前每天每千克体重约需 120~150 毫升的奶量，4~6 个月除了维持原来的奶量标准外，还可以给宝宝增加米糊、菜糊或果汁等辅食，每天的量大约为小半碗。在宝宝进食的过程中，父母要多观察，感觉宝宝吃饱了，就不要再给宝宝喂食了。

要减少宝宝对乳头的依恋

从 9 个月开始，妈妈要注意减少宝宝对乳头的依恋。如果乳汁不是很多，应该在早上起来、晚上睡前、半夜醒来时喂母乳。吃完辅食后，宝宝是不会饿的，即使有吃奶的要求，妈妈也不要让宝宝吸吮乳头。如果妈妈已经没有奶水了，就不要让宝宝继续吸着乳头玩。

如果宝宝没有对妈妈乳头的依恋，到了断奶期，就会很顺利地断奶，不需要强制断奶。如果这个月还没有做断奶的准备，这样做也可以为以后顺利断奶做好铺垫。

如何给宝宝加零食

零食是宝宝正餐之外的营养补充。吃零食可以增加生活的乐趣，多种多样的零食不但可以丰富宝宝的感知，还可以调节其体重。

给宝宝加零食的关键是安排好吃零食的时间，选择适宜做零食的食品，并把握好零食的量。零食的选择要根据宝宝的营养状况而定。如对一个较胖的宝宝要减轻体重，新摄入量一定要较原来减少一些，那么在两次正餐之间的零食就是必不可少的。否则，宝宝可能会有饥饿感，还可能会因此哭闹而影响情绪。

显然，奶油蛋糕、巧克力、面包不是恰当的选择，而选择水果、酸奶就较为合适了。而对一个食量小、体重增长不良的宝宝，用零食作为正餐的营养补充就格外重要。对于这种宝宝，一日零食提供的热量应占到总热量的 10% ~ 15%。

用食物自制磨牙棒

很多父母去商场买现成的磨牙棒来帮助宝宝缓解出牙引起的牙龈不适，其实，心灵手巧的父母完全可以在家用食物自制磨牙棒，这样不仅节省费用，而且材料新鲜，还有营养。

新鲜果蔬磨牙棒

将较硬的蔬菜（如胡萝卜、黄瓜等）去皮，切成小条或各种各样的形状，让宝宝啃咬，还可以拿它教宝宝认物、辨别颜色等。

红薯干磨牙棒

将新鲜的红薯洗净，去皮，切成条状，蒸熟，晒至半干。这样的红薯棒很有韧劲儿，但又不坚硬，在宝宝长时间的啃咬和口水的浸润下，其表面会逐渐成为糊状，而且甜滋滋的，很有营养，父母也不用担心宝宝噎着。

7~9 个月授乳和辅食的完美结合

类型	7 个月	8 个月	9 个月
授乳次数	1 日 3~4 次	一日 3~4 次	一日 2~3 次
每次授乳量	配方奶 180~210 毫升 / 次，或双侧乳房充分喂	配方奶 180~210 毫升 / 次，或双侧乳房充分喂	配方奶 200~250 毫升 / 次，或双侧乳房充分喂
辅食稠度	倾斜勺可以一滴一滴地滴下的程度，用手能摁碎的豆腐的软度		
辅食次数	1 天 2~3 次	1 天 3 次	1 天 3 次
一次喂的量	至少 2/3 酸奶杯（80 毫升左右），最多 1 杯（120 毫升左右）的分量		
可以吃的材料	6 个月食材 + 黏小米、大麦、玉米、洋葱、香瓜、猪里脊肉、牛腿肉、鸡腿肉等	7 个月食材 + 大豆、海带、原味酸牛奶（无过敏反应时）、鳕鱼、黄花鱼、刀鱼、明太鱼、莼菜等	8 个月食材 + 绿豆芽、黑米、芝麻、哈密瓜、香油、植物油、橄榄油、葡萄籽油、婴儿用奶酪片、鲑鱼、牡蛎、葡萄干、松子、豆腐等
注意事项	这时候可以将切碎的小于 3 毫米的材料放进粥中，等宝宝熟悉小块食物后，再切成 3 毫米大小的块，放在粥中食用		

7~9 个月宝宝营养食谱推荐

土豆米糊

材料 大米 20 克，土豆 10 克。

做法

1. 大米洗净，浸泡 20 分钟，放入搅拌器中磨碎。

2. 充分蒸熟带皮土豆，然后去皮捣碎。

3. 把磨碎的大米和适量水倒入锅中，大火煮开后，放入土豆碎，转小火煮烂。

4. 用过滤网过滤，取汤糊即可。

功效：土豆和大米搭配做粥，有利尿作用。

悉心教养

不要让婴儿看电视

宝宝有了听觉和视觉后，有的家长会抱着他一起看电视，这样对宝宝的视力不好。因为宝宝对电视，尤其是彩电发出的电子束比成人敏感得多，经常受这种电子束的影响，会引起宝宝食欲缺乏，甚至影响其智力的发育。

另外，宝宝眼睛的调节功能还很弱，与电视屏幕间隔的安全距离也与成人不一样，很容易造成视力问题。

不要抱宝宝在路边玩

我们提倡父母带宝宝到户外玩，多晒太阳，但不赞成常抱宝宝在路边玩。父母们认为，马路上车多人多，宝宝爱看，其实马路两边是污染很严重的地方，汽车排放的废气中含有大量一氧化碳、碳氢化合物等有害气体，对孩子和大人都极为不利。而且马路上各种汽车鸣笛声、刹车声、发动机轰鸣声等噪声还会影响宝宝的听力。

另外，马路上的扬尘含有各种有害物质，例如病菌、微生物等，会损害宝宝的健康。带孩子玩耍，最好到公园或郊外等空气清新的地方去。

宝宝长牙时的表现

流口水

出牙前两个月左右，大多数宝宝会流口水，或把小手伸到口腔内抓挠，可以看到局部牙龈发白或稍有红肿充血，触摸牙龈时有硬物感。

轻微咳嗽

此时会分泌较多的唾液，可能会使宝宝出现反胃或咳嗽的现象，所以只要不是感冒或过敏，就不必担心。

牙床内出血

有些宝宝长牙会造成牙床内出血，形成一个瘀青色的肉瘤，可以用冷敷来减轻疼痛，加速内出血的吸收。

啃咬

宝宝出牙时最大的特点就是喜欢啃咬东西，咬自己的手、咬妈妈的乳头。可以说，宝宝看到什么东西，都会拿来放到嘴里啃咬一下，其目的是想借啃咬来减轻牙床的疼痛和不舒服。

拉耳朵、摩擦脸颊

出牙时，牙床的疼痛可能会沿着神经传到耳朵及颌部，所以宝宝会经常拉自己的耳朵或者摸脸颊。

宝宝长牙时的护理

给东西让宝宝咬一咬，如消过毒的、凹凸不平的橡皮牙环或橡皮玩具，切成条状的生胡萝卜和苹果等。

父母将自己的手指洗干净，帮助宝宝按摩牙床。刚开始宝宝可能会因摩擦疼痛而稍加排斥，但当发现按摩后疼痛减轻了，就会安静下来并愿意让父母用手指帮自己按摩牙床了。

● 补充钙质。哺乳的妈妈要多食用含钙多的牛奶、豆类等食物，宝宝可在医生的指导下补充钙剂。

● 加强宝宝的口腔卫生。在每次哺乳或喂辅食后，给宝宝喂点儿温开水冲冲口腔，同时每天早晚2次用宝宝专用的指套牙刷给宝宝刷洗牙龈和刚露出的小牙。

光脚好处多

宝宝尚未走路时，是没有必要穿鞋的，虽然有时候他的小脚丫摸起来凉凉的，但光着脚对他没什么不好。

即使宝宝能站立和行走后，光脚也是有诸多好处的。宝宝的脚底生来是平的，如果在站立和行走时能有力地使用双脚，则能使足弓逐渐形成，还能促进脚部和腿部肌肉的发育。如果总把脚裹在鞋子（特别是鞋底过硬的鞋子）里，则容易使宝宝的脚底肌肉松弛，造成平底足。

宝宝在室内或者在室外安全的地方（如温暖的海滨沙滩上）光着脚行走，脚底可得到充分的刺激，能促进全身的健康。

半软底的鞋更合适

如果室内温度低或地板特别凉，就有必要给宝宝穿鞋了。这时候，鞋子可起到保暖、保护和装饰的作用。鞋子要略大一些，使宝宝的脚趾不感到挤压，但也不能大到一抬脚鞋就要掉下来的程度。

宝宝的脚长得非常快，妈妈应每隔几周就摸摸宝宝的鞋子，看看还能不能穿。判断的标准是在宝宝站起来的时候，脚跟后与鞋子之间应该有一个手指的空隙。

注意让宝宝穿防滑鞋，方便宝宝练习站立和行走。

鞋子的透气性也很重要，宝宝的新陈代谢快，脚流汗较多，鞋不透气，很容易滋生细菌。

妈妈给宝宝买鞋最好选择大一点儿的，因为宝宝脚长得很快，这样不会限制脚部的发育。

帮助宝宝克服怕生

让宝宝对客人熟悉后再与之接近

如果家里来了与宝宝不熟悉的客人，可把宝宝抱在怀里，大人先交谈，让宝宝有观察和熟悉的时间，慢慢消除恐惧心理。这样，宝宝就会高兴地和客人交往。如果宝宝出现了又哭又闹的行为，就要立即将宝宝抱到离客人远一点儿的地方，过一会儿再让宝宝接近客人。

给宝宝熟悉陌生环境的时间

宝宝除了惧怕生人，还会惧怕陌生的环境。这时，父母要注意，不要让宝宝独自一人处于陌生的环境里，要陪伴他，让他有一个适应和习惯的过程。

多带宝宝接触外界

平时，父母要多带宝宝出去接触陌生人和各种各样的有趣事物，开阔宝宝的视野，还可以带宝宝去别人家做客，特别是那些有与宝宝年龄相仿的小朋友的人家，让宝宝逐渐习惯于这种交往，克服怕生。

警惕可能给宝宝带来危险的物品

在出生后 5~8 个月之间，宝宝会把所有能抓到的东西都往嘴里塞，因此有时会发生小物品堵住喉咙引起呼吸困难的事故。为了宝宝的安全，应用收藏盒收好所有小物品，放到宝宝拿不到的地方，妈妈的化妆品也要收在抽屉里。

快乐益智

左脑开发方案

宝宝出生后的 7~9 个月，大脑的运作功能不强，感官接受信息后，在左脑进行初步的对照、组织、了解以及记忆，此时是加强左脑训练的良好时机，父母要把握好。

| 看图说故事 | 语言能力 | 视觉能力 | 认知能力 |

✿益智目标

用重复的字和鲜艳的图片刺激宝宝的语言理解能力，并培养宝宝对图书的兴趣。

✿亲子互动

1. 父母可选一些构图简单、色彩鲜艳、故事情节单一的图画书给宝宝念，当他看不同的图画时，父母要念出物品、动物的名称，如"这是西瓜""这是香蕉"等。

2. 如果宝宝偶尔指着书上的某一幅画，一定要告诉他图画上物品的名称。

盒子里寻宝

精细
动作

观察
能力

视觉
记忆

✿ 益智目标

帮助宝宝学习用手指捏盒子、捏玩具、握住玩具等动作。

✿ 亲子互动

❶ 准备一些小玩具，放在一个硬纸盒里。

❷ 在宝宝的注视下，父母打开盒子拿出一件玩具。

❸ 父母演示几次后，将盒子给宝宝，让宝宝试着打开盒子找玩具。

❹ 宝宝如果一时找不到玩具，父母要帮助宝宝完成任务，如走到玩具旁做寻找状。

温馨提示

父母给宝宝的盒子不要太大，而且要容易打开。当宝宝找到玩具时，父母应及时鼓掌加以激励。

认识 "1"

✤ 益智目标

建立宝宝对数字的概念。

✤ 亲子互动

❶ 准备水果、饼干、糖果若干，数字
　 卡片 "1"。

❷ 父母拿出 1 块饼干或糖果，竖起示
　 指告诉宝宝："这是'1'。"

❸ 让宝宝模仿这个动作，再把食物给
　 宝宝，并再次竖起示指表示 "1"。

❹ 同时，出示数字卡片，让宝宝认
　 识 "1"。

温馨提示

父母用打电话的形式与宝宝交流，能调动宝宝对语言的
兴趣，帮助宝宝认识一种与人交流的新形式，提升其人际
交往的能力。

右脑开发方案

为了扩大宝宝认识世界的范围，利于思维和空间想象能力的锻炼，要尽可能地创造出可以让宝宝自由活动的空间。这对宝宝大脑的发育是有好处的。

| 宝宝过隧道 | 爬行能力 | 运动协调 | 反应能力 |

✿ 益智目标

锻炼宝宝的爬行能力。

✿ 亲子互动

❶ 用枕头、毯子、被子等东西在大床上设计一个有障碍的小通道。

❷ 父母用玩具或语言逗引宝宝爬过这个通道。这时的宝宝四肢协调性比较好，有的宝宝甚至能头颈抬起，胸腹部离开床面，用手和膝盖爬行了。父母可以让宝宝在床上爬来爬去，翻过枕头和被子等障碍物。

温馨提示

当宝宝爬过通道时，父母要用语言鼓励、指导宝宝，跟宝宝对话，如"宝宝加油，快到小山了，加油爬过去哦""宝宝小心点儿，用手抓住被子"等。

小宝宝照镜子

✿ 益智目标

教宝宝认识身体，让宝宝和镜子里的自己交流，培养宝宝良好的情绪。

✿ 亲子互动

❶ 给宝宝穿上色彩鲜艳的衣服，并将他带到镜子前面，让他触摸、拍打镜子中的自己。

❷ 父母对着镜子做表情，让宝宝对着镜子模仿。

❸ 父母摸一摸宝宝的头、鼻子、眼睛等，并告诉宝宝每个部位的名称，分别抬起宝宝的手和脚，让宝宝在镜子里看。

❹ 父母还可以告诉宝宝："宝宝看，镜子里的小宝宝在看我们呢！"还可以发出新生儿的声音，跟镜子中的宝宝咿呀说话，以引起宝宝的注意。

温馨提示

这个时期的宝宝拥有一定的记忆力了，但不会持续太久。研究发现，3 个月的宝宝在间隔 8 天后，重新学习之前所学的内容用的时间明显缩短，但如果间隔时间达到 14 天，所用时间就不会有明显变化。所以，父母要经常重复各种练习，促进宝宝脑部发育。

请奶奶吃水果

社交
能力

学会与
人分享

❀ 益智目标

培养宝宝与人的情感交流，增强其社交能力。

❀ 亲子互动

① 将水果拿给宝宝，跟宝宝说："给奶奶，拿给奶奶吃。"

② 由于宝宝是第一次做，会不知道怎么做，所以请父母抓着宝宝的手，将水果递给奶奶吃。

③ 奶奶接过水果，可称赞说："宝宝好乖，长大了！"宝宝也会因为受到称赞而满心欢喜。

温馨提示

生活中，父母应注意培养宝宝的分享意识，让他拿东西给家人吃，这能够教导宝宝慷慨地分享自己的东西。

育儿微课堂

发现女宝宝的胸部隆起，抚摸时感觉有小疙瘩一样的东西，这正常吗？

A 女宝宝的乳房部位会出现隆起，阴道分泌物中还可能出现少量血色，这是受到母乳中含有的雌性激素的影响所致。到了两三岁左右，这些现象会自然消失，不用担心。

邻居家宝宝站到妈妈的膝盖上就会高兴得直蹬腿，而我家宝宝却不想活动，是因为肌肉太弱吗？

A 每个宝宝的气质和性格不同，经常把自己的宝宝与别人家宝宝做对比，会给父母和宝宝造成不必要的精神压力。有的宝宝本身就不愿意活动腰部，这样的宝宝往往很少爬行而喜欢坐着移动臀部，他学会抓住东西、站起和走路等动作的时间都相对稍晚一些。这并不是肌肉太弱或是大脑迟钝造成的，没有必要为此担心。

宝宝便秘严重，每次大便都会哭，怎么办？

A 这阶段的宝宝发生便秘大多是因为吃东西的量太少了。所以，在喂辅食时，要多喂煮熟的土豆或蔬菜等粗纤维含量高的食物。此外，果汁也可软化大便。如果宝宝长期便秘，情况严重的话，应该向儿科医生咨询。

Q 宝宝在吃东西时，经常将碗里的食物搅拌或扔掉，怎么办？

A 这个阶段的宝宝喜欢用手去抓东西，然后将抓住的东西放进嘴中，尽管有时候会把东西弄得杂乱，但在这段时间内最好让他自由探索各种事物，不过对于把餐具扔掉或翻倒食物的行为，需要及时加以纠正。

Q 过早行走的话，会不会给宝宝腰部增加负担，使腿弯曲？

A 每位宝宝骨骼钙化程度不同，过早让骨骼钙化不好的宝宝站立或行走会让腿负重过大，不利于宝宝生长发育。所以不建议让宝宝过早站立、行走。

Q 宝宝经常含奶嘴，这样会不会使牙齿不整齐？

A 这时候经常含奶嘴还不会影响到牙齿的排列。不过，在3周岁以后，如果还是整天吸吮奶嘴的话，就有可能影响到牙齿的排列。最好逐渐减少宝宝吸吮奶嘴的时间，只在宝宝哭闹的时候使用。

Q 如何面对耍脾气的宝宝？

A 宝宝天生比较敏感，如果父母性子过急，或受到周围的刺激，就可能会发脾气。因此需要全体家庭成员共同努力，要对宝宝温柔可亲，要在每天规定的时间里带着宝宝到户外玩耍，调节生活节奏，让宝宝通过做体操等运动充分活动身体。

本章小结

记录宝宝的成长点滴

分类	游戏	方法	第一次 出现的时间	最令你 难忘的记忆
认知	找藏起来的玩具	当着宝宝的面将玩具藏在枕头下，宝宝能找到	第__月 第__天	
	认五官	鼓励宝宝用手指出五官，如眼、耳、口、鼻，宝宝可以认出其中一个	第__月 第__天	
	听名称指物	宝宝能听名称指出至少两种物品或自己身体的部位	第__月 第__天	
动作	独坐	宝宝可以独坐玩 10 分钟以上	第__月 第__天	
	会坐起、躺下	宝宝能自己坐起、躺下	第__月 第__天	
	爬行	宝宝俯卧于床上，用玩具在前面逗引，会手膝爬行	第__月 第__天	
	扶站	扶着宝宝手腕，他可坚持站立 10 秒以上	第__月 第__天	
	手部动作	对击：父母一手拿一块积木对击，宝宝可以模仿着做	第__月 第__天	
		拇示指对捏：将零食放在桌上，宝宝能用拇指、示指对捏	第__月 第__天	
		按开关：宝宝可用示指按开关，如电视、灯的开关等	第__月 第__天	

86

分类	游戏	方法	第一次出现的时间	最令你难忘的记忆
语言	挥手再见	和宝宝做游戏时，鼓励宝宝模仿父母的动作或声音，如"再见""谢谢"等	第__月 第__天	
	拍手欢迎	在客人来访时，父母拍手"欢迎"，鼓励宝宝模仿	第__月 第__天	
情绪与社交	要求抱	宝宝主动要求抱	第__月 第__天	
	懂表情	宝宝懂得 2~3 种表情的含义	第__月 第__天	
	模仿表演儿歌	父母用动作和表情来表演儿歌，宝宝可以模仿一部分	第__月 第__天	
自理	捧杯喝水	在杯子中放少量水，宝宝可以在父母的协助下双手捧杯喝水	第__月 第__天	
	坐盆排便	将便盆放在固定的地方，坚持训练宝宝坐盆大小便	第__月 第__天	

9 个月宝宝身体发育参照指标

项目	男宝宝（均值）	女宝宝（均值）
体重（千克）	9.4	8.7
身长（厘米）	73.1	71.5
头围（厘米）	45.1	44.0
出牙情况	牙齿 4~6 颗（4 颗上牙，2 颗下牙）	

解读宝宝的大便 & 屁

大便

宝宝大便的次数和质地能反映其消化功能。母乳喂养的宝宝大便呈金黄色，有酸味；人工喂养的宝宝大便呈淡黄色，较臭；混合喂养的宝宝大便与人工喂养的相似，但比较黄、软。一旦大便的质地、色样和次数与平时有异，家长们就要提高警惕了。

红色信号

当宝宝的大便出现以下状况时，就是肠道在报警了，快带宝宝去医院吧。

● 蛋花汤样大便

病毒性肠炎和致病性大肠杆菌性肠炎的小宝宝常常出现蛋花汤样大便。

● 豆腐渣大便

小心，这可能是真菌引起的肠炎。

● 水样大便

如果宝宝的大便不是拉出来的而是像水一样"喷"出来的，那么宝宝有可能是食物中毒或患上了急性肠炎。

● 血便

血便说明宝宝的肠胃疾病比较严重，最好及时就医。

黄色信号

以下信号是肠道在提醒父母，要注意宝宝的饮食搭配。

● 泡沫样大便

如果宝宝吃的淀粉或糖类食物过多，肠道中的食物过度发酵，大便就会呈深棕色带有泡沫的水状。

● 奇臭难闻大便

闻到臭味了吗？肯定是父母给宝宝吃的"好东西"太多啦！含蛋白质的食物摄入过多，消化吸收不充分，再加上肠腔内细菌的分解代谢，大便往往奇臭难闻。

屁

听到宝宝连续不断地放屁，有的父母会担心地找医生，而有的父母则会高兴地说："'下气通'是好事！"那么，宝宝放屁到底好不好？别急，具体问题要具体分析。

崩出便便的屁

6个月以前的小宝宝常拉稀便，有时放屁会带出一点儿大便来，对此父母不用过多担心，到便便成形后，这种现象会逐渐消失。

臭屁

如果宝宝吃母乳，而妈妈又吃了大量的花生、豆类或者产气的蔬菜，如豆角和洋葱等，都会导致宝宝放屁多。人工喂养的宝宝如果选用了不合格或超出年龄段的奶粉，会引发消化不良，肠道内堆积的未消化的食物发酵产生气体，屁就会又多又臭。此外，添加辅食后，宝宝如果吃了过多的淀粉类主食或蛋白质类的辅食，放的屁也会很臭。

育儿提醒

如果臭屁伴随腹泻和哭闹，很可能是宝宝腹部受凉，或吃了不洁的食物，应及时就医。

无味的正常屁

多数6个月内的宝宝放屁间隔的时间都比较短，有时候还会放"连珠炮"，这其实很正常。这是肠道菌群建立过程中的正常表现。如果宝宝没有异常表现，父母就不用担心。

一放屁就哭

有的宝宝在放屁的时候总爱哭，身子扭动，表现出很不舒服的样子，而且放出来的屁有一股酸臭味儿，这可能是喂奶过多、过稠或选用不合适的奶粉造成的，应加喂温开水，并严格选用适龄奶粉和品牌可靠的奶粉。刚开始吃辅食的宝宝应少吃淀粉类食物，多吃蔬菜、水果，增加饮水量。父母给宝宝轻轻按摩腹部也有帮助。

无屁

有时，宝宝会几天不放屁，这其实也有隐患。如果宝宝不放屁也不拉便便，并尖声哭闹，可能患上了肠梗塞，应尽早治疗。

Part
4

10~12 个月
能自如地扶站了

完美营养

辅食很重要

　　吃母乳的宝宝，在添加辅食时总会遇到困难，因为宝宝总是恋着妈妈的奶。10个月的宝宝常常不是因为饿而要吃母乳，而是为了和妈妈撒娇。到了这个阶段，即使母乳比较充足也不能供给宝宝每日营养所需了，必须添加辅食，让辅食逐渐成为宝宝的主食。但这并不是说到了这个月就要断母乳了，只是要掌握好母乳喂养的时间，一般是早起、临睡、半夜醒来喂母乳，这样宝宝就不会白天总是要吃母乳，也不会影响辅食的添加了。

适合吃硬度与香蕉差不多的食物

　　这个时期宝宝虽然长出了不少牙齿，但咀嚼吞食还是有点儿困难。这一时期的辅食硬度应与能用手指压碎的香蕉差不多。避免给宝宝吃坚硬的辅食和零食，以免宝宝不咀嚼，直接吞咽而引起窒息。

喂养要点

　　市售纯净水往往缺乏足够的矿物质，长期饮用会对宝宝身体造成不良的影响。最适合宝宝的饮料是温热的白开水。

　　小鱼干富含钙和铁，能促进宝宝的骨骼和牙齿的健康发育，搭配上胡萝卜，更能保护宝宝的眼睛。

可以喂食较软的饭菜了，但不要加调料

这个时候的宝宝的咀嚼功能已经比较发达了，可以吃一般的饭菜了，但不能直接喂大人吃的咸、辣的菜。在做菜时，可以在加调料前先盛一部分出来，单独给宝宝食用。

宝宝要避免接触的食物

父母在为宝宝准备辅食时，一般应避开以下几种食物。

蔬菜类 牛蒡、藕等不易消化的蔬菜。

辛辣调味料 芥末、胡椒粉、姜、大蒜和咖喱粉等辛辣调味料。

某些鱼类和贝类 乌贼、章鱼、鲍鱼，以及用调料煮的鱼贝类小菜、干鱿鱼等。

其他 巧克力糖、奶油软点心、软黏糖以及其他人工着色的食物等。

多喂食对宝宝牙齿有益的食物

富含蛋白质的食物

蛋白质对牙齿的形成、发育、钙化、萌出有着重要作用。蛋白质有动物蛋白和植物蛋白两种，肉类、鱼类、蛋类、乳类中富含的是动物蛋白，而豆类和干果类中含有的是植物蛋白。经常摄入这些食物，能促进牙齿正常发育，相反，如果蛋白质的摄入不足，容易造成牙齿形态异常、牙周组织变形、牙齿萌出延迟。

富含矿物质的食物

牙齿的主要成分是钙和磷，其中钙的最佳来源是乳类。此外，粗粮、海带、黑木耳等食物中也含有较多的磷、铁、锌、氟等元素，能帮助牙齿钙化。

富含维生素的食物

充足的维生素能促进牙齿的发育。维生素 A、维生素 D 的主要来源是乳类及动物肝脏等。如果摄入的维生素 A、维生素 D 不足，容易造成牙齿发育不全和钙化不良。

坚硬耐磨的食物

如排骨、牛肉干、烧饼、锅巴、馒头干等，能锻炼宝宝的咀嚼能力，有效刺激宝宝牙齿和下颌骨的生长发育。

如何断母乳

如果妈妈选择这个月开始给宝宝断母乳，就可以适当减少母乳哺乳的次数，让宝宝和大人一样在早、中、晚按时进食，并养成在固定的时间内进食饼干、水果等的习惯。在宝宝吃完辅食之后喂些配方奶，一次应喂 200 毫升左右，每天的总奶量应为 500~600 毫升。宝宝营养的重心从奶转换为普通食物，应确保食物营养均衡，含有足够的蛋白质、维生素 C 和钙等营养素。此外，不能给宝宝吃不易消化、过甜、过咸或调料偏多的食物。

断母乳时机的选择

断奶最好选择气候适宜的春秋季节，要避免在炎热的夏季断母乳。另外，在宝宝生病时也不要立即断母乳。

断奶并不意味着不喝奶

断奶并不意味着不喝奶了。配方奶是钙质和蛋白质的重要食物来源，所以即使过渡到正常饮食，这个阶段的宝宝还应该每天喝 400~600 毫升的配方奶。

宝宝的个性化饮食

这个时候宝宝表现出饮食个性化的倾向。

- 有的宝宝能吃一儿童碗的饭。
- 有的宝宝只能吃半儿童碗的饭。
- 有的宝宝就能吃几勺饭。
- 有的宝宝很爱吃肉。
- 有的宝宝喜欢吃水果和蔬菜。
- 有的宝宝不再爱吃半流食，只爱吃固体食物。
- 有的宝宝还是只愿意吃水果泥或捣碎的水果，但需要挤成果汁才能吃水果的宝宝几乎没有了。

这些都是宝宝的正常表现，父母要尊重宝宝的个性，不能强迫宝宝进食。

特效补铁明星食材

含铁量
25毫克/100克

猪肝：猪肝是富含铁元素的食物，但肝脏是解毒器官，内含不少毒素，因此烹调前要先清洗干净，再浸泡2小时。可以将猪肝做成肝泥、碎丁给宝宝吃。

含铁量
10～30毫克/100克

动物血制品：猪血、鸡血、鸭血等动物血液里铁元素的利用率较高，是一种既价廉又方便的补血食品。

含铁量
185毫克/100克

黑木耳：含铁量高，是补血佳品。

含铁量
11毫克/100克

大豆及其制品：豆制品中的铁元素，人体吸收率约为7%，远高于米、面。

悉心教养

警惕这些现象

进食困难

宝宝厌食、挑食，"祸首"就是父母，喂养方法不当、饮食结构不合理、进食不定时、生活不规律，经常在吃饭的同时纠正宝宝的习惯，或给宝宝吃过多零食等，都会影响宝宝的胃口和消化能力，久而久之造成宝宝不愿进食。

孤独和自闭倾向

交往环境单调，缺少必要的语言环境和情感沟通，容易造成宝宝出现孤独和自闭倾向，主要的表现是目光呆滞、没有自发语言、活动少、听不懂简单的指令、很少笑等。

多动

与孤独倾向相反，照顾和关爱过多，容易使宝宝没有自由独处的时间，过多依赖外界的指令，一旦进入了不熟悉的环境，缺乏足够的照顾，宝宝就会六神无主，不能安静下来，只能用杂乱失控的动作满足内心应对陌生环境的需求。

让宝宝多亲近水

夏天里，当宝宝烦躁不安时，完全可以用玩水来调节。发现宝宝要闹情绪或者热得不太舒服时，父母可以接一大盆温水，放入宝宝喜欢的玩具，然后将宝宝放进盆里玩耍。

在不适合随时下水的日子里，父母可以准备一大块防水地垫，在盆中放入清水和鲜艳的玩具，也可以放入几条小金鱼，再给宝宝一个捞网，宝宝自己就能兴致勃勃地玩起捞鱼游戏来。

闲暇时，带着宝宝到婴幼儿游泳馆游泳吧，这是个满足宝宝天性、维护宝宝健康的好方法。怕水的父母要为了宝宝克服困难，不要因为自己而让宝宝失去了尽情玩水的快乐。

宝宝感冒的预防和照护

宝宝因为抵抗力不足而容易感冒，感冒的症状以发热、怕寒、流涕、咳嗽、打喷嚏等为主。感冒的预防与护理比治疗更为重要。首先要加强宝宝的保健工作，如保持生活起居有规律，科学饮食，随气候变化调整穿衣的多少，足、膝、背要注意保暖，避免着凉，坚持体育锻炼等。其次，注意室内空气流通，最好早上开窗换气。在宝宝睡眠时，避免对流风直吹。在感冒流行期间，避免带宝宝外出或到人多的公共场所。

护理方法

- 宜给宝宝多饮白开水，也可适当喝一些糖水，以补充因发烧而消耗的水分，而且可以利尿散热。忌喂食生冷油腻及刺激性食品。
- 宝宝会因感冒而引起全身不适，父母可以对宝宝的头面部、脖颈部、肩部、背部、臀部、腿部及脚进行按摩。但不宜施以大人的按摩手法，应轻轻揉捏使宝宝感到放松而加速痊愈。
- 室内通风换气十分必要，不要因为怕冷而紧闭门窗。

宝宝患溃疡性口腔炎怎么办

溃疡性口腔炎俗称口疮，多见于婴儿期，以夏秋季节多发，是一种常见病。发病初期，宝宝的口腔黏膜上会出现米粒大小的圆形小泡，继之破溃，呈黄白色溃疡，轻者数粒，多者数十粒，有的可蔓延到咽喉部。患儿往往疼痛难忍，哭闹，不思饮食，进食困难，甚至拒食。

对患有溃疡性口腔炎的婴儿应做如下护理：

多给婴儿饮温开水，可少量多次吃一些无刺激性的流质或半流质食物。疡面上可涂蒙脱石散剂，以保护口腔黏膜及止痛，一日数次。

哪些情况可引起宝宝入睡后打鼾

如果宝宝入睡后偶有微弱的阵阵鼾声，这并非病态，但如果宝宝每天入睡后鼾声都较大，家长应及时带他去看医生，检查是否有腺样体肥大的问题。腺样体是位于鼻咽部的淋巴组织，如果病理性增大，会引起宝宝鼻鼾、张口呼吸，严重影响宝宝呼吸时，建议遵医嘱考虑手术摘除。另一种引起宝宝打鼾的原因为先天性悬雍垂过长，当婴儿卧位睡时，悬雍垂可倒向咽喉部，阻碍咽喉部空气流通，导致发出呼噜声，亦可引起刺激发生咳嗽，可遵医嘱考虑手术切除悬雍垂尖端过长的部分。

这个阶段的宝宝容易发生的意外伤害

宝宝逐渐长大了，活动范围进一步扩大，家长一不留心，就可能发生意想不到的事故。为了避免发生不应有的惨剧，家长需要了解这个月龄段的宝宝最容易发生哪些事故，有意识地加以注意，避免类似事故的发生。

10 ~ 12 个月的宝宝已经会爬、会立，有的已经开始迈步走路了，而且这个月龄段的宝宝有极强的探索欲，所以较容易发生的事故是摔伤和吞食异物。

10 个月的宝宝喜欢到处爬，多数家长习惯让孩子在床上爬，认为床上干净、柔软，但是有一个潜在的危险就是宝宝容易从床上摔落下去。因为此时的宝宝爬行速度是惊人的，有时把他放在地上，一转眼，他已经爬到了某个角落。

10 ~ 12 个月以后的宝宝会推着椅子或扶着墙走，但站立不稳，很容易跌倒、撞伤，而且宝宝已经能够到达屋子里任何地方，所以一切对宝宝存在危险的物品都要注意放好或进行遮盖，比如刀子、热水器、炉子、电源插座等。

家长一定要采取一定的措施，保护宝宝的安全。

别让宝宝隔着窗子晒太阳

隔着窗子晒太阳对防治佝偻病没有丝毫的作用。人的皮肤内的 7- 脱氢胆固醇经过阳光中紫外线的照射，可以转变成维生素 D_3，维生素 D_3 没有生物活性，需再经肝脏和肾脏的作用进一步转化成活性维生素 D_3，而活性维生素 D_3 才具有防治佝偻病的作用。要注意，在晒太阳时一定要暴露皮肤，使阳光中的紫外线直接照射到皮肤上。如果隔着窗子晒太阳，阳光中的紫外线大部分会被玻璃吸收或反射回去，根本起不到防治佝偻病的作用。

因此，晒太阳时不能隔窗，而且，即便是在室外，也应尽量多地暴露宝宝的皮肤，使阳光充分照射。当然，晒太阳时间不宜过长，也要避免强烈阳光直接照射宝宝的皮肤，可在树荫下活动，或避开正午太阳强烈的时段进行户外活动。

宝宝开窗睡眠益处多

走进门窗紧闭的房间时，常会闻到一种怪味，这是由于室内长时间不通风，二氧化碳增多、氧气减少所致。在这种污浊的空气中生活和睡眠，对宝宝的生长发育大有害处。开窗睡眠不仅可以交换室内外的空气、提高室内氧气的含量、调节空气温度，还可增强身体对外界环境的适应能力和抗病能力。宝宝新陈代谢和各种活动都需要充足的氧气，年龄越小，新陈代谢越旺盛，对氧气的需要量越大。因宝宝户外活动少，呼吸新鲜空气的机会少，故在温度适宜时应通过开窗睡眠来增加氧气的吸入量。在氧气充足的环境中睡眠，宝宝入睡快、睡得沉，也有利于脑神经充分休息。

逐渐放手让宝宝独站

宝宝刚开始学站时，父母应注意保护，同时要注意检查床栏，防止发生摔伤、坠床等意外事故。在大人的严密保护下，可以脱手让宝宝站立1~2秒钟，慢慢地延长时间。几乎在学习独站的同时，宝宝也可以学着扶东西走了。

初次迈步练习

在宝宝开始学习迈步时，可让他先扶着推车练习。父母在一旁辅助，握住车把手，将推车慢慢向前推，让宝宝的双脚跟着推车向前移动。也可以将宝宝放在活动栏内，父母手持鲜艳带响铃的玩具逗引宝宝，让宝宝移动几步。当宝宝具备了独站、扶走的能力后，走路就指日可待了。

虽然宝宝已经能扶着栏杆站立，但也有摔伤的可能，可以在地板上铺上柔软的垫子，预防意外发生。

不要让宝宝形成"八字脚"

"八字脚"是一种足部骨骼畸形，分为"内八字脚"和"外八字脚"两种。造成"八字脚"的原因是宝宝在足部骨骼和肌肉尚无力支撑身体时过早地独自站立和学走。

为防止"八字脚"，不要让宝宝过早地学站立或走，可用学步车或由大人牵着手辅助学站、学走，且每次时间不宜过长。如已形成"八字脚"，可做双脚内侧或外侧的动作练习进行矫正。

1 岁还不开口说话不必惊慌

宝宝开始说话的年龄差异较大，通常1岁时会发简单的音，如会说"爸爸""妈妈""奶奶""吃饭"等。但也有的宝宝在这个年龄段不会说话，甚至到了1岁半仍很少说话，可是不久后突然会说话了，并且一下子就会说许多话，这都属于正常现象。其实宝宝对词语的理解在出生后的第一年就已经开始了。比如在5~6个月时，喊他的名字他就会回头注视，7~9个月时，叫他的名字他就会做出寻找反应，大人让他做各种动作（如欢迎、再见），他都能听懂，并能做出相应的动作等。宝宝语言的发展是从听懂大人的语言开始的，听懂语言是开口说话的准备。

若1岁左右的宝宝能听懂大人的语言，并做出相应的反应，发出简单的音，这就可以放心，他是能学会说话的，只是时间或早或迟的问题，应积极创造听说条件，促进其语言系统的发育。

影响语言发育的因素，除听觉器官和语言器官，还有外在的因素。大人要积极为宝宝的听和说创造条件，在照看宝宝时多和宝宝讲话、唱歌、讲故事，这都能加强宝宝对语言的理解，促使他开口说话。

给宝宝过 1 岁的生日

宝宝1岁了，最高兴的莫过于父母，感触最多的也应该是父母。到了宝宝生日这一天，宝宝理所当然成为全家人的中心，谈论的话题少不了宝宝的成长过程。从幼小的生命降临到周岁生日宴会，他经过了多么巨大的变化呀。如今的宝宝，会咿呀作答，会站立甚至行走；有自己的喜怒哀乐，有自己的主观意识；会欣赏，会游戏……宝宝的每一个进步，都会给父母带来无穷快乐，更会成为父母培养教育孩子的动力。

现在，宝宝1岁了，父母下一步应该做些什么呢？细心的父母应该为宝宝的进一步成长做准备，从宝宝的衣食住行方面进行细致的护理，对宝宝的智力发育和心理发育做更有益的引导。

父母是孩子的第一任老师。父母的引导和教育，对孩子的身心发育影响极其重要。父母爱护自己的孩子，也最了解自己的孩子，望子成龙、望女成凤是每个家长的期待，为了孩子的健康成长，努力为宝宝设计一个快乐的生日吧！

快乐益智

左脑开发方案

识别温度

语言能力　反应能力

❀ 益智目标

提升宝宝对温度的认知，促进触觉能力的发展，提高各种感觉器官的配合和应对能力。

温馨提示

碗的温度不要太高，宝宝的肌肤比较娇嫩，对温度十分敏感，要避免宝宝烫伤。

❀ 亲子互动

❶ 父母可以在开饭时进行训练，如粥或面条往往会很烫，就告诉宝宝"烫"。

❷ 这时父母可以拿着宝宝的手，让他伸出示指轻轻地摸一下碗，然后说"烫"，这样宝宝就知道什么是"烫"了。

跟布娃娃说话

语言
能力

沟通
能力

听觉
能力

❀ 益智目标

经常给宝宝提供表演的机会，让宝宝在快乐的氛围中学习语言，促进宝宝语言能力的发展。

温馨提示

在做"跟布娃娃说话"的游戏时，宝宝可能只是咿咿呀呀地答应，父母一定要应和宝宝，不能急于求成。父母说台词时，一定要慢，这样有助于和宝宝互动。

❀ 亲子互动

① 父母将纱巾挂在床中间做"帷帐"，构造成一个小戏台。

② 爸爸和宝宝在前面看，妈妈手拿着布娃娃从"帷帐"后面伸出来，说"我是小小布娃娃，我快1岁了"等台词，并摇着布娃娃跳来跳去。

③ 爸爸指导宝宝与布娃娃对话，如"我是天天，我10个月大了，布娃娃你叫什么名字呀"等。

④ 父母要及时鼓励宝宝，让他随意和布娃娃对话，并根据宝宝的反应灵活变动游戏内容，让宝宝在快乐中体会到语言的乐趣。

右脑开发方案

认识花

观察能力

创新能力

❀ 益智目标

加深宝宝对颜色、形状的认识，丰富宝宝的触觉信息，提高宝宝的观察能力，促进宝宝的视觉发育。

温馨提示

在赏花时，如碰到其他的小朋友，可以让宝宝多跟同龄的小朋友交谈、沟通。

❀ 亲子互动

① 带着宝宝外出赏花。

② 指着牡丹花告诉宝宝："这是牡丹花，红红的，圆圆的。"并拉着宝宝的小手摸一摸牡丹的花瓣。

③ 在金黄的雏菊面前，告诉宝宝："这是雏菊，金黄色的，小小的，像星星一样。"并拉着宝宝摸摸雏菊细而柔软的花瓣，问宝宝："雏菊摸着舒服吗？"

④ 还可以向宝宝描述其他的花儿，并让宝宝摸摸花瓣，闻闻花儿的香味。

红色小花

粉色小花

黄色小花

绿叶中点缀的玫红色小花

玩套环

✿ 益智目标

让宝宝初步认识数字1、2、3，并锻炼手眼协调能力。

✿ 亲子互动

❶ 准备套塔类玩具。

❷ 给宝宝示范从套塔上每取下一个套环就数一个数字："1、2、3……"

❸ 对于手部精细动作较好的宝宝可以加大难度，从往下取发展成向上套，同时一个一个数。

温馨提示

当宝宝不能顺利完成这个游戏时，父母可以在旁边进行辅助，进而帮助宝宝顺利完成，增强宝宝的信心。

10 个多月的宝宝还不会站立怎么办？

A 10 个月还不会站立的宝宝不多了，但这不能说明宝宝运动能力差。如果正赶上冬季，宝宝穿得很多，运动不灵活，可能也无法自己站起来。如果是老人或保姆帮助看护，对宝宝缺乏训练，宝宝的运动能力可能会相对落后，不过，经过训练是会慢慢赶上的。但如果宝宝确实不会站，就要看医生了。

宝宝已经长出 4 颗牙齿，经常咬住乳头不放，能不能停止哺乳？

A 当宝宝咬乳头时，可以通过轻轻拍打宝宝臀部等动作来制止。大部分的宝宝能理解这一点，从而减少咬乳头的次数。如果妈妈乳头疼得无法哺乳的话，此时也可以停止哺乳。不过，此时如果完全断奶，还是稍微有点儿早，可以用奶粉来代替。母乳或奶粉中的脂肪是宝宝大脑发育必需的营养，所以，在周岁前，不要完全断奶。

无论拍手还是逗乐，宝宝都没有跟着来的意思，怎么办？

A 无论是拍手还是逗乐，父母不能抱着只是单纯为了教宝宝动作的目的。这个阶段，宝宝对感兴趣的事情会做出积极的反应；相反，不感兴趣的话，就不会跟着一起做。在跟宝宝交流时，如果父母能经常做出有趣的动作或表情，宝宝自然会模仿。此外，在模仿时，父母表现得越是高兴，宝宝会做得越起劲儿。

从出生后3个月至今，宝宝总是爱吸吮手指，怎样改掉这个毛病？

A 宝宝吸吮手指是自然的生理现象。即使临近周岁时，依然吸吮手指，也不算异常，如果强行制止，反而会使宝宝的需求得不到满足。不过，如果宝宝吸吮手指的情况过分严重，父母应该更积极地关心和观察宝宝的生活，比如可以经常与宝宝一起相处，或让宝宝玩那些能够引起关注的玩具，让宝宝高兴起来，就能戒掉吸吮手指的习惯。

如果吃手现象严重，可以考虑用安抚奶嘴状态代替。因为当宝宝习惯安抚奶嘴后，要断掉时只要不给宝宝提供就可以了，但要想直接让宝宝不吃手比较困难。

宝宝一见到妈妈，就非要妈妈抱，怎么办？

A 临近周岁时，宝宝经常跟妈妈撒娇，有时甚至到了要赖的程度。这时，如果无条件答应宝宝的要求，会使宝宝养成无论什么事情只要要赖就能达到目的的心态。因此，在宝宝近乎要赖的时候，要以理性的、充满爱意的态度来哄劝。

怎么给宝宝挑选画册？

A 图案要实物拍摄的，不要太小，要颜色分明。跟宝宝一起看画册，有助于让宝宝对事物产生好奇心，也有助于宝宝的语言发育。此时，宝宝还不能理解细密的线条构成的复杂图形或奇妙的颜色，可以选择构图简单、准确，由三原色（红、黄、蓝）组成的画册让宝宝看。宝宝最喜欢在画册中看到原先就有印象的东西，父母用手指着画册上的小猫，跟宝宝说这是"猫"，会提高宝宝看画册的兴趣。

本章小结

记录宝宝的成长点滴

分类	游戏	方法	第一次出现的时间	最令你难忘的记忆
认知	认图片卡	念物名，让宝宝指出相应的图片卡	第__月 第__天	
	用棍够玩具	将玩具放在床上宝宝伸手够不到的地方，给宝宝1根木棒，宝宝知道利用木棒够玩具，但不一定能取到	第__月 第__天	
	认身体部位	指出身体部位，如手、脚、腿、肚子等，宝宝能认出2~3处	第__月 第__天	
	竖示指表示	问宝宝"你几岁了"，他可以竖起示指回答	第__月 第__天	
语言	叫爸爸或妈妈	有意识地第一次对着爸爸叫"爸爸"，或对着妈妈叫"妈妈"	第__月 第__天	
	伸手"要"	有意识地发出一个字音，如"要""走""拿"等，表示特定的意思	第__月 第__天	
	模仿动物叫	向宝宝出示不同动物的卡片，宝宝可以模仿5种动物的叫声	第__月 第__天	
情绪与社交	懂命令	主动要求抱	第__月 第__天	
	会做出表情	宝宝能做出2~3种表情	第__月 第__天	
	要东西知道给	向宝宝要他手中的玩具，他能听懂，并愿意给	第__月 第__天	

分类	游戏	方法	第一次出现的时间	最令你难忘的记忆
动作	独站	扶着宝宝站立，松开手后，宝宝可以独站 1 秒以上	第__月 第__天	
	扶推车走步	宝宝扶推车或床沿，可以迈 3 步以上	第__月 第__天	
	扶站	扶宝宝双手手腕，能坚持站立 10 秒以上	第__月 第__天	
	独自行走	独自行走	第__月 第__天	
	手部动作	打开杯盖：父母示范打开杯盖过程，宝宝可以模仿做	第__月 第__天	
		翻书：向宝宝示范打开硬皮书再合上，宝宝可以模仿父母的动作反复做几次	第__月 第__天	
		搭积木：宝宝会搭1~2块积木，且不倒	第__月 第__天	
自理	配合穿衣	配合穿衣，如穿上衣时会伸胳膊	第__月 第__天	
	蹬掉鞋	上床前宝宝可以用脚蹬掉鞋	第__月 第__天	
	用勺吃饭	能用勺把饭送入口中	第__月 第__天	

12 个月宝宝身体发育参照指标

项目	男宝宝（均值）	女宝宝（均值）
体重（千克）	10.1	9.4
身长（厘米）	76.7	75.2
头围（厘米）	46.1	45.1
出牙情况	牙齿 4~6 颗（4 颗上牙，2 颗下牙）	

斯波克的经典育儿言论

世界上没有什么比看着一个孩子成长更让人着迷的了。一开始你只将这种成长看作孩子身体长大的过程；当这个小人儿开始有所行为的时候，你会认为那不过是简单的模仿罢了。实际上，孩子的成长要比这复杂得多，而且意义更加深远。

在许多方面，无论是身体的完善还是头脑的发育，每个孩子的成长都像是一步一步地重现人类的整个进化过程。正像海洋里出现的初级生命一样，孩子们也是从子宫里的单个细胞演变而来的。几个星期过后，沐浴在温暖羊水里的他们，会长出像鱼一样的鳃和两栖动物一般的尾巴。在出生后第一年末，他们学着站立的时候，正像是庆祝几百万年前的那段时期——那时，我们的祖先逐渐直立起来，开始灵巧地使用手指。

我认为，过分地注重早期发展的各项指标会在什么时候完成，一味地拿自己的孩子和"平均标准"去比较，那是非常错误的。最重要的是，宝宝的发展从整体上看是一个不断进步、日趋发展的模式。另外，孩子的发展总会有飞跃和滑坡，而滑坡却往往预示又一次飞跃。所以，当孩子出现小的退步时，父母不应该过分在意，应该尽量帮助孩子提高发展的水平。虽然有的父母费尽心思地教育孩子，想让他们早早地学会走路、说话和阅读，但是没有证据表明这对孩子的发展有任何真正长远的好处。同时，这不仅会使父母感到沮丧，还可能引起一些问题。宝宝需要一个能够提供成长机会的环境，而不是强迫他那样成长的环境。

大多数新生儿的父母都会发现自己比平时更容易焦虑和疲劳。他们为孩子烦躁的哭叫声担心，怀疑哪里出了严重的问题。他们为孩子的每一个喷嚏、身上的每一个红点担心不已。他们甚至会踮着脚走进房间，看看孩子是否在呼吸。也许是因为父母的本能，他们在这段时期对孩子有一种过分的保护意识。我想是大自然的魔力，让世界上千万对新父母都能认真地担负起他们的新责任。即使有的父母可能还不太成熟，也不至于出现大的疏忽。对宝宝多关心一点儿应该是好事。好在，这种强烈的焦虑感都会渐渐地消失。

每天在室外活动两三个小时，对宝宝的身体很有好处（对其他任何人也一样）。在室内供暖的季节尤其需要出门活动活动。我生长在美国东北部，还在那里开业当了儿科医生。在那里，大多数尽职尽责的父母都认为，每天让孩子在外边活动两三个小时是理所当然的。孩子们喜欢在外面活动，室外活动又可以使他们脸蛋红润、胃口大开。所以，我不得不相信这种传统做法的好处。

孩子会走路以后就不适合待在童床里，也不适合放在围栏中了，应该让他到地板上去活动。当我跟父母们说这些话的时候，他们会不情愿地看着我说："可是我担心他会伤着自己。或者，他会把屋子弄乱。"但是，你迟早都要让孩子出来到处跑，就算 10 个月的时候不行，到 15 个月他会走路的时候也总该放他出来了。即使到了那个时候，他也不会更懂道理或者更容易管束。无论在什么年龄开始让他在房间里自由活动，你都需要做出调整。所以，还不如在孩子准备好的时候，就尽早给他自由。

1岁1个月~1岁3个月
迈出了人生的第一步

完美营养

减少母乳的喂养量

1岁以后的宝宝也可以喂母乳，但最好在不影响辅食的基础上作为补充食物来喂。宝宝如果不愿意吃辅食，只想吃母乳，应渐渐减少母乳的量。调整授乳的时间，减少白天授乳，一天喂1~2次奶就可以了。

喂养要点

宝宝可以吃多个鸡蛋吗

鸡蛋营养丰富，但是宝宝的肠胃还不够成熟，过多地摄入鸡蛋会引起消化不良性腹泻，因此，妈妈们每天或隔天让宝宝摄入一个鸡蛋就可以了。

宝宝吃多少就喂多少

在从辅食到幼儿饮食的过渡期中，要教宝宝用勺子吃饭。在这个时期，宝宝吃饭容易分心，可以把吃饭的时间规定在30分钟以内，要是超过了时间，宝宝依然因为玩耍而忘了吃饭，就把饭菜撤掉。这时，宝宝可能没有太大的食欲，因而体重会相应降低，显得比较瘦。其实，不用为宝宝不吃东西而过分担心，宝宝吃多少就喂多少即可。如果强行给宝宝吃得太多，反而会引起宝宝厌食。另外，如果突然增加食量，也会给宝宝的肠胃带来负担。

父母可以给宝宝准备一些漂亮的餐具，像可爱的彩色勺子等，可以增强宝宝进餐的兴趣。

采取适当的烹调方式

宝宝的膳食最好与成人的分开烹制，并选用适合的烹调方式和加工方法。要注意去除食物的皮、骨、刺、核等；花生、大豆等坚果类食物应该磨碎，制成泥糊状；烹调方式上应采用蒸、煮、炖等，不宜采用油炸、烤、烙等方式。

挑选味道清淡的食物给宝宝

1 岁的宝宝可以吃稀饭，也可以吃大人吃的大部分食物。但是在喂的时候应选择清淡的食物，并做成宝宝容易咀嚼的软度和大小。宝宝到 16 个月时可以消化软饭，还可以吃米饭，而且对以饭、汤、菜组成的"大人食物"比较感兴趣，但还不能完全与大人吃同样的食物。

宝宝饭菜尽量少调味

宝宝 1 岁后可以适量喂含有盐、酱油等调味料的食物，但 15 个月之前还应尽量喂清淡的食物。食材本身已经含盐和糖的，则没必要调味。

宝宝不愿吃清淡的食物时可以加点儿调料，但尽量不要使用盐和酱油。煮汤时可以用酱油或鱼露来调味，宝宝如果习惯了甜味就很难戒掉，所以尽量不用白糖调味。

宝宝要养成独立进餐、专心吃饭的好习惯。

直接喂大人的饭菜还过早

宝宝1岁后的食谱应由饭、汤、菜组成，但不能直接喂大人的饭菜。宝宝的饭应比较软，汤应比较淡，菜应不油腻、不刺激。

单独做宝宝的汤和菜会比较麻烦，可以在做大人的菜时，在调味前留出宝宝吃的量。喂时，应先捣碎再喂给宝宝，以避免宝宝卡到。

宝宝1岁后可以放心吃的食物

| 草莓 | 猕猴桃 | 橘子 | 虾皮 |

草莓

含有充足的维生素C，能帮助提高免疫力，但草莓容易引起过敏，所以不宜喂给1岁以内的宝宝。

喂食方法：

6~7颗草莓可以补充宝宝一天所需的维生素C，不宜与白砂糖一起喂。

猕猴桃

富含维生素、叶酸、钙、钾等成分，可以补充大脑发育所需的营养，2岁前的宝宝可以吃甜味浓的猕猴桃，偏酸的猕猴桃则不宜在2岁前喂。

喂食方法：

常温保存，待猕猴桃比较软了再给宝宝喂食。

橘子

含有丰富的维生素C，可以提高宝宝抵抗力，预防冬季感冒，钾含量较高，可以坚固宝宝的血管，但容易过敏，应1岁后再喂。

喂食方法：

橘子瓣的薄皮虽然有营养，但对于宝宝来说质感较韧，应去除后再喂。

虾皮

富含对宝宝成长发育非常重要的钙，还含有丰富的蛋白质、维生素D及多种矿物质，可以增强宝宝体质。

喂食方法：

容易过敏的宝宝不要食用，虾皮含有较多的盐分，在烹调前应先用清水浸泡去除盐分。

1岁1个月~1岁3个月宝宝每日食谱推荐

上午	8：00	母乳或配方奶 250 毫升，肉松粥 1 碗，煮鸡蛋 1 个
	10：00	饼干 3 ~ 4 片，酸奶 50 毫升
	12：00	软饭 1 小碗，黄瓜酿肉 1 小盘，蔬菜汁半碗
下午	15：00	香蕉 1 根，蔬菜饼 1 张
	18：00	肉末胡萝卜饺子 1 小盘
晚上	21：00	母乳或配方奶 250 毫升

蔬菜饼

黄瓜馕肉

悉心教养

宝宝耍脾气的应对措施

1 让宝宝冷静下来最重要。父母可以把宝宝抱在怀里，但是不要说话也不要拍着哄宝宝，要严肃一些。如果宝宝的哭闹缓和了，那就拍拍宝宝。一直到宝宝停止哭闹了，再看着宝宝，告诉他，"哭闹是不对的，因为你的要求不合理，所以妈妈才不答应你。哭闹也是没有用的，父母希望你以后不要再这样了"。

2 看到宝宝哭闹，父母很难做到冷静地处理，但是只有冷静处理的办法才是最有效的，也可以避免宝宝养成用哭闹来达到自己的目的。

纠正宝宝吸吮手指的行为

1 对已养成吸吮手指习惯的宝宝，应弄清原因。如果属于喂养不当，首先应纠正错误的喂养方法，克服不良喂哺习惯，使宝宝能规律进食，定时定量，饥饱有节。

2 要耐心、冷静地纠正宝宝吸吮手指的行为。切忌采用简单粗暴的方法，不要嘲笑、恐吓、打骂、训斥宝宝，否则不仅毫无效果，而且一有机会，宝宝就会更想吸吮手指。

3 最好的方法是满足宝宝的需求。除了满足宝宝的生理需求，如吃、喝、睡眠等，还要给宝宝一些有趣味的玩具，让他可以更多地玩乐，分散对固有习惯的注意，保持愉快的情绪，使宝宝得到心理上的满足。

4 从小养成良好的卫生习惯，不要让宝宝以吸吮手指来取乐，要耐心地告诫宝宝，吸吮手指是不卫生的。

预防学会独立行走的宝宝发生意外伤害

在宝宝学会独立行走后，因为其好奇心强，往往会东走走西看看，捅捅这摸摸那，如果家长看护不当，宝宝很容易发生意外伤害。为了预防和避免宝宝遭到意外伤害，家长应该注意以下几个问题。

- 尽量不要让宝宝单独活动。
- 不要带宝宝到锅炉房、配电室、游泳池等有潜在危险的场所去玩。
- 妥善安置家用电器的电源插座，插线板应选择有安全认证的，闲置不用的插线板应用绝缘材料封闭，同时教育宝宝不要去动插线板和开关。
- 妥善保管家庭用药、酒、胶水、清洗剂等，以防止宝宝误食。
- 妥善放置刀、剪、叉、钉子等工具和物品。

宝宝睡得香，长得快

1 培养宝宝按时有规律地睡眠，使宝宝养成一定的睡眠习惯。

2 为宝宝睡眠创造良好的环境。室内应安静，光线应较暗，一般说来室温18℃~25℃，湿度50%~55%为宜。铺盖应柔软舒适，厚薄适宜。

3 睡前不要做让宝宝兴奋的游戏，以免导致宝宝过度兴奋，难以入睡。同时睡前不要过多地喂水，以免引起宝宝胃肠不适或者夜间小便次数过多而影响睡眠。

4 遇到宝宝睡眠不稳，易惊醒、翻来覆去、哭闹等情况时，应积极查找原因。如睡前的活动是否过于激烈，是否受到惊吓等，在检查宝宝的皮肤外表与贴身的衣服、被褥等都无异常的情况下，应到医院就诊查找原因。

家长将故事绘声绘色地讲给宝宝听，宝宝很快就进入了甜甜的梦乡。

春天，捂着点儿

"春捂"主要适合生活在北方的宝宝。初春时节的北方还是"春寒料峭"。"春捂"中的"春"指的是初春，而有的父母把春捂理解成了整个春季，到五月桃花盛开的时候，父母还在"捂"着宝宝，那就有害而无利。

此外，关键要看当时的天气。宝宝和成年人对气温的感觉差不太多，如果宝宝感觉热了，先尝试着给他减一件衣服，或换薄一点儿的衣服。两三天过去了，宝宝既不感到冷，也不感到热，没有因换衣服而流鼻涕、打喷嚏，就说明衣物正好合适。给宝宝减衣服时，建议一件一件地减，而不是统统全换。先减上衣，两三天后再减裤子，然后换鞋子，最后换帽子。这样宝宝就不容易生病了。

宝宝出现皮肤晒伤的护理

用西瓜皮敷肌肤

西瓜皮含有维生素 C，把西瓜皮用刮刀刮成薄片，敷在晒伤的位置，西瓜皮的汁液就会被缺水的皮肤所吸收，皮肤的晒伤症状就会减轻不少。

用茶水治晒伤

茶叶里的鞣酸具有很好的促进收敛作用，能减少细胞液渗出，从而减轻组织肿胀，用棉球蘸茶水轻轻擦在晒红处，可以减轻灼痛感。

水肿用冰牛奶湿敷

被晒伤的红斑处如果有明显水肿，可以用冰的牛奶敷，每隔 2~3 小时湿敷 20 分钟，能起到明显的缓解作用。

用茶水减轻宝宝晒伤时，要注意茶水的温度，不能因为茶水过热而给宝宝造成二度伤害。

宝宝被蚊虫叮咬的护理

1 被蚊虫叮咬后用肥皂水清洗或者用生理盐水冷敷叮咬处，有助于肿块软化。

2 要给宝宝勤洗手、勤剪指甲，免得宝宝将叮咬处挠破。

3 市面上卖的一些婴儿专用的止痒液也可以给宝宝用，但要看清楚其中有没有酒精等刺激成分。

宝宝腹泻的护理

因为腹泻会造成宝宝身体大量水分流失，所以腹泻的宝宝要注意水分的补充。另外，要时刻观察宝宝腹泻的次数是否减少，便样是否有变化，必要时征求医生意见，是否需要停乳或改喝豆奶粉等。

宝宝消化不良的护理

如果宝宝出现消化不良的症状，如不爱吃东西、呕吐、嘴里有异味、大便不成形，有"生食"味，或打"生食嗝"，父母可在医生指导下进行调理。最有效的方法是适当限制宝宝进食。宝宝不想吃的，不要主动给宝宝吃，如果宝宝闹着要吃，也适当减少食物的量，且只给宝宝容易消化的食物，暂时不给肉蛋类等难以消化的食物。

快乐益智

左脑开发方案

已经满 1 周岁的宝宝，语言理解能力大大增强，能听懂很多话了。这时，父母要有意识地多用语言来指导宝宝的行为。为了促进宝宝语言能力的发展，可以经常给宝宝念一些儿歌，让宝宝开始使用推理能力，理解简单的因果关系，学会数数，并能按数取物。

看图说故事　　数学能力　语言能力　认知能力

✿ 益智目标

在朗读儿歌时，锻炼宝宝对数字的认知、对图形的把握，提高宝宝的语言能力。

✿ 亲子互动

❶ 在宝宝安静的时候，给他读读"数字歌"。

❷ 可以带着宝宝伸手指，如说到"1 像铅笔会写字"的时候，可以伸 1 个手指，以此类推。

数字歌

1 像铅笔会写字，
2 像小鸭水中游，
3 像耳朵听声音，
4 像小旗迎风飘，
5 像秤钩来买菜，
6 像哨子吹比赛，
7 像镰刀来割草，
8 像麻花拧一拧，
9 像蝌蚪尾巴摇，
10 像铅笔加鸡蛋。

传声筒

听觉
能力 | 记忆
能力 | 知觉
能力

❀益智目标

促进宝宝听觉发育。

温馨提示

父母可以躲到宝宝看不到的地方，如沙发后面，通过声筒和宝宝说话，这样更能激发宝宝对声筒的兴趣。

❀亲子互动

① 准备一个传声筒，注意线不要太长。

② 宝宝和妈妈各拿传声筒的一端，站在房间的两端。

③ 妈妈先做示范，将声筒靠近嘴边说话，让宝宝模仿。

④ 妈妈可以跟宝宝说："宝宝，听到妈妈说话了吗？宝宝和妈妈说话呀。"如果宝宝听到声筒里妈妈的声音，他会很兴奋地对声筒叫喊。此时妈妈可附和着跟宝宝说话。

右脑开发方案

这个时候，除了需要继续进行发展宝宝认知能力和空间距离感知能力的训练外，还要重点进行身体的协调能力、平衡能力及灵活性的训练。在进行训练时，父母一定要伴以讲解，培养宝宝对训练的兴趣，这样既能提升宝宝的平衡感，也能提升宝宝的右脑能力。

学涂鸦　　挖掘美术潜能　　想象能力

❋ 益智目标

培养宝宝涂鸦的爱好，激发宝宝的想象力。

❋ 亲子互动

❶ 在桌子上放上一些纸和笔，让宝宝用笔在纸上自由地涂鸦。

❷ 开始的时候纸张可以大些，以后可以逐渐变小。

❸ 也可以为宝宝准备一个画架，告诉宝宝想画画的时候就去画架上画。

温馨提示

为了防止宝宝将家里的任何地方都当成画板，父母要为宝宝涂鸦做好充分的准备，除了画板，还可准备一面专门用来让宝宝涂鸦的墙壁，以培养宝宝涂鸦的爱好。

玩积木　　　创新　精细　理解
　　　　　　能力　动作　能力
　　　　　　　　　能力

❀ 益智目标

　　锻炼宝宝动手能力和创新能力。

❀ 亲子互动

　　父母和宝宝一起坐在地板上，准备
一些大块的积木，然后一起玩搭积木的
游戏。父母可以给宝宝示范怎样将积木
搭起来，但是不要过多地干预，让宝宝
按照自己的想法去搭积木，不管怎么搭，
只要宝宝开心就好。

温馨提示

　　宝宝喜欢将搭起的积木推倒，这不是在淘气，而是在
进行新的体验和探索。

育儿微课堂

过了周岁，宝宝仍然不会说话，是不是有什么问题？

A 过了周岁，大部分宝宝都能说一两句简单的话了。宝宝的生活习惯、父母的育儿方法等外在因素，都会造成宝宝语言发育的差异。如果宝宝过了周岁还不会说话，可以与宝宝进行充分的对话，如发现宝宝对周围的人或事物反应迟钝、麻木，应及时向儿科医生咨询。

听说，满1岁的宝宝囟门已经闭合了，但是我家宝宝还能摸到，是不是缺钙？

A 满13个月的宝宝，前囟可能已经闭合。但是，有的宝宝满13个月，还能明显地摸到囟门，这并不意味着宝宝有病。囟门闭合存在着个体差异，有的宝宝囟门闭合较早，有的宝宝囟门闭合较晚，不要因为宝宝囟门还没闭合就增加钙的补充量。另外，如果是缺钙引起的囟门闭合延迟，其他部位的骨骼也大多会受累，出现其他与缺钙症状有关的体征，因此仅仅凭借摸一下囟门就确定宝宝是否缺钙是不科学的。

宝宝为什么不咀嚼固体食物？

A 宝宝的咀嚼功能不是天生就具备的，是在后天锻炼中逐步形成的。如果妈妈一直不让宝宝吃固体食物，宝宝可能到了上小学的时候都不能很好地咀嚼固体食物并将其吞咽下去。

宝宝喜欢喝饮料，有什么害处吗？

A 宝宝不喝水时，有的妈妈就会给宝宝喝饮料，但饮料中的糖、色素、香料、人工添加剂等对宝宝有害无益，纯果汁饮料也不能代替水。让宝宝养成喝水的习惯，不但对宝宝的健康有益，对他们的牙齿也有好处。

宝宝能吃市面上的休闲小零食吗？

A 在商店里购买的儿童小食品、休闲食品属于零食，不要没有限制地给宝宝吃。宝宝通常很喜欢吃零食，因为大多数零食是甜的，但吃零食无法满足宝宝的营养需求，不能用零食喂饱宝宝的肚子，只能把零食作为外出或餐间的一点儿补充，给宝宝一些意外惊喜和欢乐。

宝宝不爱吃辅食，且吃了后还会打嗝、便秘，怎么办？

A 从现在开始，应该培养宝宝一日三餐的习惯。这一阶段的宝宝对碳水化合物类食物的消化能力已经不弱了，要慢慢地养成宝宝吃五谷杂粮的习惯。建议让宝宝跟家里人一起进餐；让宝宝自己坐在餐椅上，增加宝宝进餐的兴趣；每天改变菜谱，做宝宝喜欢吃的食物，添加玉米、西蓝花、苹果、梨、猕猴桃、火龙果等富含膳食纤维的食物；在不影响奶量和饮食的情况下，可以适当增加点儿宝宝的饮水量，更有利于顺利排便。若有特殊情况，请及时就医。

本章小结

记录宝宝的成长点滴

分类	游戏	方法	第一次出现的时间	最令你难忘的记忆
认知	认颜色	让宝宝从多种颜色的积木中挑出红色的积木	第__月 第__天	
	认几何图形	在有圆形、方形、三角形的形板中，让宝宝模仿放入相应图形	第__月 第__天	
	认自己家	带宝宝上街，回来时让宝宝做向导	第__月 第__天	
动作	行动自如	从蹒跚地走几步逐渐到能稳定地走较长距离	第__月 第__天	
	爬楼梯	父母在楼梯上逗引宝宝爬上来	第__月 第__天	
	抛球	站在宝宝对面，鼓励宝宝将球抛过来	第__月 第__天	
	搭积木	父母示范，鼓励宝宝模仿	第__月 第__天	
	套圈	将直径为10厘米的彩色圈套在垂直的棍上，父母示范，让宝宝模仿	第__月 第__天	
	倒豆	备两个广口瓶，其中一个放入豆子，让宝宝从这个瓶子将豆子倒到另一个瓶子	第__月 第__天	
语言	说儿歌最后一个字	父母念三字儿歌，鼓励宝宝说出每句儿歌最后一个押韵的字	第__月 第__天	
	知道自己的名字	父母问宝宝"你叫什么呀"，让宝宝回答	第__月 第__天	
	模仿动物叫	父母拿出小猫玩具，发出"喵喵"的叫声，宝宝听到声音觉得有意思，就会跟着学	第__月 第__天	

分类	游戏	方法	第一次出现的时间	最令你难忘的记忆
情绪与社交	分享物品	经常给宝宝讲小动物分享物品的故事,让宝宝效仿	第__月 第__天	
	与同伴一起玩	邻居小朋友来做客,让宝宝和小朋友一起玩耍	第__月 第__天	
自理	控制大小便	观察宝宝在大小便时能否用语言表达或自己主动去坐便盆	第__月 第__天	
	会自己吃饭	鼓励宝宝自己用勺吃饭	第__月 第__天	

1 岁 3 个月宝宝身体发育参照指标

项目	男宝宝(均值)	女宝宝(均值)
体重(千克)	10.7	10.0
身长(厘米)	80.0	78.6
头围(厘米)	46.8	45.9
出牙情况	牙数 8~12 颗(门牙 8 颗,前臼齿 4 颗)	

Part
6

1岁4个月~1岁6个月
饶舌的"小话痨"

完美营养

不可缺少动物性食物

动物性食物是1岁后的宝宝不可缺少的食物。宝宝适当吃些动物性食物有利于生长发育。动物性食物含有大量宝宝所需的营养物质，就蛋白质而言，动物性食物的蛋白质中，含氨基酸的比例与人体的很接近，更易吸收、利用。

另外，动物性食物在供给能量、促进脑发育、促进脂溶性维生素的吸收与利用方面功不可没，它们含有的多种不饱和脂肪酸，是宝宝体格和智力发育的"黄金物质"。

根据食欲和体重调整宝宝的饮食量

对于宝宝来说，食欲往往是肚子饿不饿、是否需要补充营养的指示计。如果宝宝吃得很香，下一顿食欲仍然很好，不吐不泻，说明需要增加食物量；如果下一顿不想吃，没有食欲，说明上一顿可能吃多了，就不要增加食物量。如果宝宝不愿意吃，不要强迫其进食。

体重是宝宝近期吃的食物量，即营养状况的指标。体重可表示宝宝近期营养状况，体重不增加或减少，表示近期宝宝营养不足。如宝宝生病时，因为吃得少、消耗增加，体重减轻，病后则应给宝宝增加饮食，每天可多吃一顿，直至体重恢复正常。

对不愿吃米饭的宝宝，怎么喂饭

宝宝要均衡摄取五大营养素，不一定非要喂米饭。对于愿意吃面的宝宝，可以多做加蔬菜和肉的面食，宝宝吃面食时，很多时候不咀嚼，而是直接吞食，直接吞食会影响消化功能，加点儿蔬菜就可以防止其养成直接吞食的坏习惯。如果宝宝喜欢吃面包，也可以喂三明治和土豆汤。先给宝宝喂点儿他喜欢的食物，这样会提高他对食物的期待，他的食欲也会提高。

白开水是宝宝最好的饮料

不管是何种饮料，让宝宝喝多了都会影响健康。一些宝宝一天能喝三五瓶甚至更多瓶饮料，因摄入糖分过多、热量过剩，而成为小胖墩。宝宝肥胖易使血脂升高、血压上升，为日后得心脑血管病、糖尿病埋下祸根。

为了宝宝的健康，父母要为宝宝科学选择饮料，适量饮用。如橘子汁、苹果汁、猕猴桃汁、山楂汁等果汁饮料，富含维生素 C 和无机盐，可用凉开水稀释后让宝宝饮用。酸奶也适合宝宝饮用。

对宝宝来说，最好的饮料还是白开水。从营养学角度来说，任何含糖饮料或功能性饮料都不如白开水，纯净的白开水进入人体后不仅最容易解渴，而且可立即发挥功能，促进新陈代谢，起到调节体温、补充水分等作用。

家长要定时给宝宝喝白开水，不要等宝宝渴了再给他喝，这样可以避免宝宝身体脱水。

宝宝只想吃零食，怎么办

宝宝如果习惯了甜味，就会觉得饭菜太淡，因此失去食欲。要渐渐减少给宝宝喂带甜味的零食，并相应诱导宝宝在饭菜中寻找甜味。如做带甜味的地瓜饭、用南瓜做菜等，使宝宝在饭桌上满足对甜味的欲望。当宝宝不再找带甜味的零食时，饭桌上的带甜味食物要慢慢减少。

宝宝患肠胃病的原因

- 吃冷饮过多、过早或过晚。早春二月，一些宝宝就手持雪糕了，夏天更是从早到晚冷饮不断，甚至在秋冬季节，有些父母还给宝宝吃冷饮。时日久了，就会使宝宝的胃黏膜受损伤。
- 零食吃得太多，也是宝宝患胃病的重要原因之一。
- 冷饮、零食中的不少添加剂都会对宝宝胃部的消化功能起干扰作用。
- 看电视、玩游戏时间太长，长时间坐着，胃部血流不畅，影响消化。
- 对爱吃的东西胡吃海塞，对不爱吃的东西"宁饿不吃"，一饱一饥，都会损伤胃壁。
- 吃饭时经常受批评或者精神紧张容易造成宝宝胃部神经性缺血和消化不良。

  如能注意以上几点并加以预防，就可避免宝宝患胃病。

宝宝轻度脾胃病的饮食调理

小米粥

百合南瓜粥

将小米淘洗干净，倒入沸水锅中烧开，再转小火，不停搅拌，煮至小米开花即可。

锅置火上，倒入适量清水，大火烧开，加糯米粉、南瓜块大火煮沸，再转小火熬煮至糊状，加入鲜百合和冰糖，煮至冰糖全部化开即可。

教宝宝用勺子和杯子

这个时期的宝宝自己吃饭的欲望很强，拿起勺子往嘴里放食物的动作也更加熟练，父母不妨鼓励宝宝多练习使用餐具。

用勺子

宝宝到了一定年龄，会喜欢抢勺子，这时候，聪明的父母会先给宝宝戴上大围兜，在宝宝坐的椅子下面铺上塑料布，把盛有食物的勺子交到宝宝手上，让他握住勺子，然后握住他的手，把食物喂到他嘴里。慢慢地，妈妈可以自己拿一把勺子给他演示盛起食物喂到嘴里的过程。别忘了用较重的、不易掀翻的，或者底部带吸盘的碗。这个过程需要父母做好心理准备，因为宝宝可能会吃得一片狼藉。

用杯子

最开始的时候，父母可以手持奶瓶，并让宝宝试着用手扶住，再逐渐放手。接着可以让宝宝逐渐脱离奶瓶，在父母的协助下用杯子喝水。宝宝所使用的杯子应该从鸭嘴式过渡到吸管式再到普通水杯。最好选择厚实、不易碎的吸管杯或双把手水杯。父母先跟宝宝一起抓住杯子的把手，喂宝宝喝水，直到宝宝学会，能自己喝水为止。

宝宝已经开始用勺子和杯子喝水了，可能大部分水喝不到嘴里，但妈妈也不要责怪宝宝，否则会伤害宝宝的自尊心。

悉心教养

宝宝为什么会磨牙

磨牙是由多种原因引起的。父母首先要找到原因，再来进行有针对性的处理。

- 宝宝白天过于紧张或入睡前兴奋过度，致使入睡后神经系统仍处于兴奋状态，颌骨肌群紧张性增高而引起磨牙。
- 由肠道寄生虫引起的，最常见的是蛔虫病和蛲虫病。虫体寄生于肠道，释放毒素，会引起宝宝腹痛、烦躁、磨牙、肛门痛痒等不适。
- 部分患有佝偻病的宝宝由于体内钙质缺乏，神经系统的兴奋性相对增高，也会引起夜间磨牙、夜惊、夜啼、多汗、烦躁等。
- 晚餐过饱或临睡前加餐，导致消化系统负担过重，宝宝入睡之后肠道仍在不停地工作，咀嚼肌也在一起运动而导致磨牙。

宝宝磨牙的有效解决方法

- 让宝宝保持平稳的情绪，特别是睡前，不要过于兴奋。
- 根据医生的建议，吃点儿驱虫的药物，帮助宝宝保持肠道健康。
- 宝宝要多补钙，避免因缺钙而引起的磨牙。
- 晚餐不要过饱，不要在睡前1小时加餐，保持宝宝的消化道畅通。

防止宝宝发生意外事故

摔伤、砸伤、划伤

从床上、沙发上、窗台上、楼梯上、玩具车上掉下来；地板有水，打滑摔伤；撞倒柜子砸伤；撞到桌角磕伤；开关抽屉、开关门把手夹伤；玩刀子、剪子等导致受伤。

烫伤、烧伤

玩热水壶、电饭锅、热水器、热熨斗、打火机，或者把桌布拽下来，将饭桌上刚做好的热饭、热菜拽掉等都有可能导致宝宝烫伤、烧伤。

电、煤气

不小心摸了没有安全盖的电插座口，或者把电线拽掉，或者把煤气开关打开，这都是非常危险的事情。

误吞、误食

玩具的小零件、小螺丝、烟头、扣子等小物件都有可能被宝宝吃到嘴里；糖块、花生、瓜子、果冻等食物都有可能把宝宝呛到或者噎着，宝宝还可能将这些小东西塞到鼻孔或者耳朵里。另外，各种药片、洗衣液、洗手液、消毒液，甚至一些有毒的东西，如果被宝宝吃进去，后果不堪设想。

来自宠物、花草的危险

有宠物的家庭，要更加警惕，一方面避免宝宝被咬，另一方面也要尽量让宝宝远离宠物，免得感染寄生虫等。如果家里养花草，则要注意是否有毒、有刺，免得伤害宝宝。

溺水事故

不要让宝宝独自接近家里装满水的盆、桶、浴缸、鱼缸等，带宝宝到户外玩耍时，要远离河、井等地方。

宝宝多大了不尿床

小儿尿床是一件让家长感到头痛的事，尤其是在阴雨绵绵或寒冷的季节，更是让家长着急。那么宝宝什么时候才能不尿床呢？

人体的膀胱在充盈到一定程度时就会发出信号，信号通过脊髓传送到大脑，大脑分析后再发出指令，膀胱收到指令即收缩排尿，这就是人体的排尿反射。出生数月的宝宝，因为其神经系统发育还不成熟，不能有意识地控制排尿，因此需要使用纸尿裤或尿布，这时的尿床称为生理性遗尿。随着宝宝年龄的增长，其排尿反射不断建立和完善，2岁左右的宝宝经过一定的训练，即可自主地控制排尿。

但是，如果家长没有对宝宝进行过定时、定位的早期排尿训练，宝宝未形成一定的排尿规律和习惯，加上家长管理不善，宝宝白天贪玩而过于疲劳，或者突然受凉、受到惊吓、睡前饮水太多、睡前没有排尿等而尿床，这种尿床在医学上称为功能性遗尿。如果5岁后的宝宝仍不能自己控制，反复发生不自主的排尿，则称为遗尿症。此时就需要到医院进行检查和治疗了。

从这里可看出，宝宝什么时候才能自主地控制排尿，不再尿床，不但与自身生理发育情况有关，而且与家长对宝宝的排尿训练和日常生活的管理也有着非常密切的关系。如果宝宝经常尿床，家长要认真分析一下原因，对症下药，纠正以上所谈到的不正确的做法。同时应进行定时叫醒宝宝排尿的训练，尤其是夜间排尿时，一定要让宝宝清醒后坐盆排尿，避免让宝宝在蒙眬状态下排尿。通过这样的反复训练，可使宝宝形成条件反射，形成一定的排尿习惯和规律，避免尿床。

宝宝，起床小便了

别让宝宝接触小动物

随着活动能力的增强，有些宝宝会喜欢与小动物一起玩耍。宝宝与小动物玩耍存在很多危险，最常见的是宝宝可能会被猫狗等小动物咬伤、抓伤，一旦被咬伤、抓伤，就不能排除感染狂犬病的可能。

另外，猫狗等小动物身上有许多病菌和寄生虫，如沙门氏菌、钩虫、蛲虫等，宝宝常与小动物接触很可能会感染上这些病菌和寄生虫。猫狗等小动物的毛或皮脂腺散发的脂分子也可引起宝宝过敏或气喘等。因此，要尽量避免宝宝与猫狗等小动物的接触。

宝宝碰伤擦伤的应急处理

宝宝因各种原因碰伤和擦伤后，可根据出血部位、出血量进行处理。若是浅表的创伤所致的小的静脉和毛细血管出血，出得很慢，出血量不多，可以用干净的毛巾或消毒纱布盖在创口上，再用绷带或布带扎紧，并将出血部位抬高，以达到止血的目的。当出血量多、速度很快时，应尽快就医。

宝宝扭伤的应急处理

宝宝扭伤多发生在手腕、踝关节等部位，常伴有肿胀与疼痛，皮肤青紫，局部压痛很明显，受伤的关节不能转动。

扭伤后，应限制宝宝活动受伤的关节，特别是踝关节扭伤后，应将其小腿垫高。早期处理宜冷敷，之后热敷。一般在1~2天后，父母可对宝宝患处进行按摩，促使血液循环，加快肿胀消退，有条件的还可进行理疗。

此外，发生扭伤后要注意宝宝韧带有无裂伤，是否骨折或关节脱位等。宝宝容易发生桡骨头半脱位，当宝宝疼痛难忍，患侧手臂不能动弹时，应去医院诊治。

帮助宝宝学会如厕

1 为宝宝选择一个合适的坐便器，安全舒适最重要，款式不要太复杂。市场上流行的玩具坐便器，有的带音乐，有的带各种动物的鸣叫声，多半不实用，宝宝很容易分心而影响排便。

2 细心观察宝宝排便的信号。如当看到宝宝突然涨红脸不动时，问宝宝，是不是要小便？然后立刻带宝宝进入厕所，让其坐在坐便器上。

3 帮宝宝养成良好的坐便习惯。大小便时，不要让宝宝玩玩具、吃东西。要特别注意避免让宝宝长时间坐在坐便器上，以免造成习惯性便秘。

4 平时，父母要教宝宝用语言表达自己想大小便的想法。

5 及时表扬宝宝，让宝宝为自己能控制大小便而感到自豪。注意应就事实本身肯定宝宝的努力，不要过于夸张。

6 宝宝没能控制住大小便，尿湿或弄脏衣服时，父母的态度要温和，告诉宝宝"下次排便前要告诉父母"。

宝宝如厕训练是一个漫长的过程，父母要有耐心，不能操之过急。

父母的关心和赞扬是关键

在这个时期，宝宝的自我意识逐渐形成，因此需要父母的关心和赞扬。一般情况下，宝宝的自信心、信任感和积极的性格都是在婴儿期形成的，因此，父母的态度决定了宝宝的未来。这个阶段的宝宝喜欢做事，不肯闲着，喜欢听表扬。

父母每天要给宝宝展示才能的机会，吩咐宝宝做些小事情，如"给妈妈开门""给娃娃洗洗脸"等，宝宝每完成一件事情都会很高兴，父母要用"真能干"等词语鼓励宝宝，使宝宝尽情享受成就感带来的喜悦。在宝宝的成长过程中，父母和宝宝之间的交流与互动将发挥非常重要的作用。

正确表扬宝宝的要点

1 表扬及时，趁热打铁。一旦宝宝出现好的行为，要及时表扬，越小的宝宝越要如此。

2 表扬的内容应该是宝宝经过努力才能做到的事情。比如，表扬一个6岁的宝宝自己会吃饭，意义甚微，而在宝宝学走路的过程中，给予"宝宝会迈步了，真棒"这样的表扬，比较有针对性。

3 要夸具体，夸细节，不要总笼统地说"宝宝真棒"，要让宝宝知道自己为什么得到了表扬，哪些方面做对了，好在哪里，才能从中受到启发。

4 表扬的时候不要许诺一些做不到的事情，否则，久而久之，宝宝就会对父母失去信任，对父母的表扬不会很珍惜。

父母对宝宝的关心和表扬，可以增强父母和宝宝之间的感情，还能增强宝宝的自尊心。

快乐益智

左脑开发方案

　　宝宝在成长过程中，能力发展是很快的，家长们应该重视宝宝的能力锻炼。现在，宝宝会用手指向他想要的物品了，说话早的宝宝可能会说出一两句三个字组成的语句了。但是如果宝宝这个月龄刚刚开始会有意识地叫父母，也不能认为宝宝的语言发育落后。

连连看　　　　　　　　认知图形　　记忆能力　　形象思维

❀ 益智目标

　　发展宝宝对图形的辨别力、知觉能力，从而提高宝宝的左脑形象思维能力。

❀ 亲子互动

① 父母在图画纸中间画一直线。

② 在线的两边按不同顺序分别画出相同形状的图案。

③ 引导宝宝将相同的图案用铅笔连起来。

④ 训练中，可以边玩边告诉宝宝对应的图案是什么形状，如三角形、四边形、五角星等。

宝宝当超市经理

❀ 益智目标

提高分类的能力；提供逻辑推理的经验。

❀ 亲子互动

① 准备水果、蔬菜、食品、日常生活用品等。

② 带领宝宝认识物品的名称与特征，帮宝宝回忆逛超市的经历。

③ 将家中的桌子、椅子围成一圈，模拟超市置物架，然后和宝宝一起回忆超市物品放置的特点，将玩具、水果、蔬菜、零食、日常生活用品等分门别类在置物架上放好。

④ 宝宝站在圈内当超市的小经理，父母当顾客，提出要求："我要一种可以装水喝的东西。"宝宝按要求找到杯子。父母再次提出要求："我要一种洗手时用，可以搓出泡泡的东西。"宝宝按要求找到香皂。

温馨提示

父母、宝宝互换角色：当宝宝描述时，可根据具体情况，找点儿"小麻烦"，让宝宝补充对物品的描述。

右脑开发方案

宝宝已经会走路了，然而肢体的协调能力还有待进一步开发、训练，13~14个月正是训练宝宝肢体协调能力的关键时期，父母可以通过一些游戏来提高宝宝的肢体协调能力。同时，也不要忘记对宝宝右脑其他方面的功能加以开发。

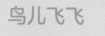 鸟儿飞飞 　　肢体协调　模仿能力

✿ 益智目标

训练宝宝肢体动作的协调性。

✿ 亲子互动

❶ 父母做示范动作，让宝宝学小兔子跳：两手放在头两侧，模仿兔子耳朵，双脚并拢向前跳。

❷ 父母也可以带领宝宝学大象走：身体向前倾，两臂下垂，两手五指相扣并且左右摇摆，模仿大象的鼻子，向前行进。

❸ 父母还可以带宝宝学小鸟飞：双臂侧平举，上下摆动，原地小步跑。

> **温馨提示**
>
> 这样的游戏能让宝宝的身体运动技能得到充分的锻炼，还能让宝宝更快乐，所以要多鼓励宝宝做。

与小朋友一起玩

社交能力　学会分享

❀ 益智目标

　　培养宝宝的社会交往能力，使宝宝拥有良好的个性。

❀ 亲子互动

① 带宝宝出去玩，并给宝宝带一个玩具。

② 带宝宝到与他同龄的宝宝较多的地方玩耍，鼓励宝宝与刚见面的小朋友拉手表示欢迎。

③ 引导宝宝与小朋友交换玩具，并让他们点点头，表示谢意。

④ 跟小朋友分手时，让宝宝挥挥手，与小朋友说再见。

温馨提示

　　父母应鼓励宝宝多同小朋友交往，让宝宝不断积累与同伴交往的经验。

育儿微课堂

宝宝为什么会抓起纸张等东西往嘴里塞？

A 宝宝探索世界的方法之一就是用嘴，这是孩子成长的必经阶段，所以孩子在这个年龄，不管拿到什么都喜欢往嘴里放。这实际上是学习的一种过程，在这种不断的练习过程中，宝宝学会了手眼协调。看到宝宝这种行为，不要粗暴地制止，要用科学合理的方式引导。

宝宝1岁4个月了，还不敢独立走和站，怎么办？

A 这时候，宝宝不会独立地走是可能的，但不敢独自站立，就要考虑是否存在其他问题了。如果父母的工作很忙，无暇顾及宝宝，整天把宝宝困在学步车或小床中，宝宝的运动能力可能会比同龄的宝宝弱一些，站立和走路的时间都会晚些。但是，如果宝宝到了1岁多还不会站立的话，最好要去看看医生。

秋季腹泻和积食如何区分？

A 11月份正值秋季腹泻高发季节，以腹泻、呕吐、发热为主要症状，大便呈稀水样或蛋花样，无特殊气味，大便检验有白细胞。如果宝宝有上述症状，秋季腹泻的可能性就比较大。

而积食主要是食欲降低，甚至拒食，呕吐物有酸臭味，大便也有酸臭味，有不消化的食物残渣，大便检验可能有脂肪。积食很少引起腹泻，尤其是很少排稀水样大便。

宝宝便秘怎么办?

A 宝宝便秘除了肠道问题,还可能与家族遗传有关,但最常见的原因是喂养问题。不爱吃蔬菜、水果,不爱喝水的宝宝,大便比较干燥。纠正便秘主要靠饮食调养,不能使用泻药。多吃纤维素高的蔬菜,适当吃些粗粮,如红薯、小米,养成定时大便的习惯。但如果无论如何也不能调整过来,就需要看医生了。

晚上,宝宝睡觉好好的,为什么会突然醒来大哭?

A 仔细观察宝宝情况,判断是否为疾病所致。排除疾病后,看一下宝宝的肛门处是否有白线虫,如果有,就可诊断是蛲虫病了。如果观察困难,也可实验性地在宝宝入睡后,在其肛门处涂上蛲虫药膏,如果宝宝不再哭闹了,即可诊断为蛲虫所致。如果不是,考虑可能是睡梦中惊醒。如果什么原因都找不到,父母需要做的就是当宝宝醒来大哭时,耐心哄宝宝。另外,睡觉前不要让宝宝玩过分激烈的游戏,因为大脑处于过分兴奋状态,也会出现这种现象。

宝宝现在1岁5个月了,早上的体温大概在37.5℃,午后又很正常了,这是为什么?

A 通常,人体的体温总是早上略低,午后略高,口温和肛温在37.5℃以下为正常。体温还受其他因素影响,如吃奶时或刚吃完奶量体温,就会比正常情况高;腋窝有汗时,测量的温度可能会比正常的低;哭闹时测量温度则可能会高。所以,测量体温要保证在同一种条件下。

本章小结

记录宝宝的成长点滴

分类	游戏	方法	第一次出现的时间	最令你难忘的记忆
认知	认颜色	宝宝能从多种颜色的积木中挑出红色的	第__月 第__天	
	认几何图形	宝宝能认识圆形、方形、三角形等不同图形	第__月 第__天	
	认交通工具	在汽车、飞机、火车等交通工具的图片中，宝宝能挑出不同种类的交通工具	第__月 第__天	
动作	抛球	站在宝宝对面，鼓励宝宝将球抛过来，宝宝会举手过肩并将球抛出	第__月 第__天	
	扶栏上楼梯	父母在旁监护，鼓励宝宝自己扶栏上楼梯，宝宝能上1~2级台阶	第__月 第__天	
	搭积木	父母示范搭积木，推倒后，鼓励宝宝模仿，宝宝能搭4块	第__月 第__天	
	套圈	父母示范，将直径为10厘米的彩色圈套在垂直的框上，宝宝能模仿套5个	第__月 第__天	
	投球入杯	父母用拇指、示指拿稳小球，拿到杯口时说"放开"，让小球落入杯中，让宝宝照做，宝宝能放4~5个小球	第__月 第__天	

分类	游戏	方法	第一次 出现的时间	最令你 难忘的记忆
语言	知道自己名字	父母问宝宝："你叫什么呀？"宝宝能回答正确	第__月 第__天	
	"有没有"	在宝宝的注视下，父母将玩具熊放在枕头下，问宝宝："枕头下有什么呀？"宝宝回答："有熊。"再问宝宝："有没有小青蛙？"宝宝回答："没有小青蛙。"	第__月 第__天	
情绪与社交	听到叫名字	父母在背后叫宝宝的名字，宝宝能理解是在叫自己并走过来	第__月 第__天	
	照顾娃娃	父母说"娃娃病了"，鼓励宝宝去照顾娃娃，宝宝会表示同意，并给宝宝盖被、喂饭	第__月 第__天	
自理	控制大小便	宝宝能用语言表达便意或主动坐便盆了	第__月 第__天	
	会自己吃饭	鼓励宝宝自己用勺吃饭。宝宝能自己吃半碗饭	第__月 第__天	
	端杯喝水	给宝宝盛半杯水，宝宝能自己捧杯喝水	第__月 第__天	

1 岁 6 个月宝宝身体发育参照指标

项目	男宝宝（均值）	女宝宝（均值）
体重（千克）	11.3	10.7
身长（厘米）	83.1	81.9
头围（厘米）	47.4	46.4
出牙情况	牙齿 12~16 颗（门齿 8 颗，前臼齿 4 颗，尖牙 4 颗）	

Part
7

1岁7个月~1岁9个月
宝宝爱问为什么

完美营养

可以跟大人吃相似的食物了

为了宝宝身体的均衡发展，应通过一日三餐和零食让宝宝均匀、充分地摄入各类食物。此阶段的宝宝可以跟大人吃相似的食物，不必再吃软饭，可以跟大人一样吃米饭了。但是要避开质韧的食物，食物也要切成适当大小并煮熟再喂给宝宝吃。同时，不要给宝宝吃刺激性食物，有过敏症状的宝宝还要特别注意慎食一些容易引起过敏的食物。2 岁左右的宝宝可以吃大部分食物，但一次不能吃太多，要遵守从少量开始慢慢增加的原则。

这样安排宝宝的早餐

1 主食应该选谷类食物，如馒头、包子、面条、烤饼、面包、蛋糕、饼干、粥等，要注意粗细搭配、干稀搭配。

2 荤素搭配。早餐应该包括奶、奶制品、蛋、鱼、肉或大豆及其制品，还应安排一定量的蔬菜。

3 牛奶加鸡蛋不是理想早餐。牛奶和鸡蛋都富含蛋白质，但两者搭配，碳水化合物含量较少。建议妈妈在给宝宝牛奶加鸡蛋的同时，加馒头、面包、饼干等食物，这样才能保证营养均衡。

牛奶补充蛋白质，鸡蛋补充卵磷脂，面包补充能量，搭配食用对宝宝来说是营养的早餐。

宝宝较瘦也不要经常喂

宝宝的体重不增加时，很多父母就会频繁给宝宝喂食，这是不正确的。随时喂牛奶、水果、面包、蒸土豆等，表面上看是补充营养，实际上会导致宝宝食欲下降，食量减少。

不少人认为，喂零食能补充身体所需的营养，但一两种零食并不能像饭菜那样补充多种营养素。宝宝越瘦，更应该规定好吃饭和零食的时间，避免养成随时喂食的坏习惯。

水果不可少

水果的营养价值和蔬菜差不多，但水果可以生吃，其中的营养素免受加工烹调的破坏。而且水果中的有机酸可以帮助消化，促进其他营养成分的吸收。桃、杏等水果含有较多的铁，山楂、鲜枣等含大量的维生素 C。

食用水果前应仔细地清洗。洒过农药的水果，除彻底清洗外，最好削去外皮后再食用。

不宜给宝宝吃的危险食物

不宜给宝宝吃带刺的鱼肉、带骨头的肉，以免鱼刺或骨头卡住宝宝的嗓子。

不宜给宝宝吃颗粒状的食物，比如花生米、瓜子、开心果、杏仁、核桃仁、糖球、黄豆、爆米花等，因为这些食物容易被宝宝吸入气管，造成生命危险。

宝宝吃多了怎么办

父母在给宝宝添加辅食时，不容易掌握其进食量，很容易造成宝宝吃多的现象。宝宝食用了过量的食物，容易造成肠胃不适，甚至诱发肠套叠，出现急性腹部疼痛。

这时，可带宝宝让医生检查一下是否有食物积滞现象，如果有，应在一两天内先不喂任何食物，让其自行消化，等到肠胃中的食物消化得差不多时，可以再喂一些牛奶或粥等易消化的食物。

宝宝吃饭时总是含饭，如何应对

有的宝宝喜欢把饭菜含在口中，不嚼也不吞咽，这种行为俗称"含饭"。含饭的现象易发生在婴儿期，多数见于女宝宝，以父母喂饭者较为多见。

其实，这是由于父母没有让宝宝养成良好的饮食习惯，没有在正确的时间添加辅食，宝宝的咀嚼功能没有得到充分锻炼而导致的。这样的宝宝常由于吃饭过慢或过少，无法摄入足够的营养素，而导致出现营养不良的情况，甚至出现某种营养素缺乏而致使其生长发育迟缓的情况。

如遇此情况，父母可有针对性地让宝宝与其他宝宝同时进餐，模仿其他宝宝的咀嚼动作，这样随着年龄的增长，宝宝含饭的习惯就会慢慢地改正过来。

宝宝吃饭的速度过慢，该怎么办

宝宝吃饭慢是有原因的，例如不愿意吃、食物坚硬、咀嚼需要花一段时间、到处走动不能集中注意力吃饭等。

宝宝出现不愿吃饭或吃饭时到处走动的情况，妈妈有必要跟宝宝一起吃饭来调节吃饭的速度。这样做宝宝仍不愿意吃饭时，要果断地收拾饭桌，并且在吃下一顿饭之前不要给任何零食，宝宝肚子饿了，吃饭速度自然也会加快。

宝宝一次吃的量很少怎么办

不要勉强宝宝，给宝宝适量盛饭，然后让宝宝尽量吃完，这样的习惯才是良好的。

吃光碗里的饭，会让宝宝有成就感，能提高宝宝吃饭的积极性；也可以让宝宝多多活动，通过消耗体力来增加宝宝的食欲。

去检查一下微量元素，有时宝宝缺锌也会造成食欲不振。

宝宝不爱吃肉怎么办

如果宝宝不爱吃肉，可能是因为肉比别的食物更坚韧，不太好咀嚼，因此肉食一定要做得软、烂、嫩。下面介绍一些可以提高肉的口感、促进宝宝食欲的烹调技巧，家长们不妨尝试一下。

- 可以采用熘肉片和汆肉片的方法，使肉质鲜嫩，容易咀嚼。
- 多做肉糜蒸蛋羹、荤素肉丸，红烧肉烧好后，再隔水蒸1个小时，可使瘦肉变得松软。
- 不要太油腻，肉汤要撇去浮沫。
- 不妨加一些爆香的新鲜大蒜粒，使菜肴生香，增进食欲。
- 洋葱煸软烂后再与排骨或牛肉一起烹饪，也有增进食欲的效果。

另外，对于不爱吃肉的宝宝，为了保证其蛋白质的摄入量，要让他多吃奶类、豆类及其制品、鸡蛋等食物来补充蛋白质。如果每天平均喝2杯奶、吃3～4片面包、1个鸡蛋和3匙蔬菜，折合起来的蛋白质总量就有30～32克，再吃些豆制品，就基本可以满足宝宝对蛋白质的需求了，所以父母也不必过于担心。

清蒸冬瓜排骨

生菜肉卷

蒸食更营养、更健康，口感清淡，宝宝也更容易接受。

悉心教养

防止烧烫伤宝宝

不要将暖瓶放在宝宝能够得着的地方，也不要放在宝宝经常跑来跑去的桌子旁边。给宝宝洗澡的水要先放凉水再放热水。尽量不要让宝宝待在厨房里，因为厨房里的炉火、热油、水瓶、热饭菜都可能伤害到好动的宝宝。

家庭用电注意事项

有条件的家庭可用橡皮制的保护盖把插座盖起来。

电器通上电以后，要将垂下来的电线盘好，或用橡皮筋绑住，防止宝宝放在嘴里嚼，导致电伤、烧伤。

宝宝看电视时，要帮助幼儿插好电源，不要让宝宝自己插电源。

宝宝的卧室要采取的安全措施

年轻的父母应该为宝宝创造一个安全、良好的睡眠、学习环境，以保证宝宝身心健康，防止宝宝受到不必要的损伤。那么，在幼儿卧室要采取哪些安全措施呢？

1 为了避免玩具箱盖子压住宝宝的手指，可以在玩具箱盖子的角上，粘上橡皮垫或软木塞，也可以把玩具放在有拉门的柜子里，或开放的架子上。

2 把宝宝的衣服放在有拉门的柜子里，尽量不要使用抽屉式的家具，以免宝宝开抽屉时把整个抽屉拉出来而砸伤脚和腿。

3 把大床的一侧靠墙放，并在另一侧的地板上铺上褥子或垫子，万一宝宝从床上掉下来，也摔不疼、摔不伤，也可以暂时在床边加一个活动栏杆。

4 不要把小床或其他可以爬上去的家具放在窗子旁，以防宝宝爬上窗子，发生危险。

家庭门窗应采取的安全措施

现代化的都市高楼林立，一楼高过一楼。室内也装修得富丽堂皇，显得窗明几净。在此仍要提醒那些有宝宝的家长，室内装修在讲究美观、大方的同时，还要为宝宝采取一些安全措施。

窗户的高度一般要求距地面 0.7 米，在窗子上装上栏杆或窗纱，以保证宝宝的安全；房门最好向外开，且不宜装弹簧装置；装有玻璃门的家庭，应在玻璃门上与宝宝等高的地方贴上贴纸，以提醒宝宝那里有玻璃，不是空的，以免宝宝磕破头；在门上适合宝宝的位置，加装一根横杆，以方便宝宝推门进出；在宝宝自己会打开的门上系一个铃，当他推门出入时，房间里面的人可以察觉；在不想让宝宝进去的房间的门上安装一把插销，以保证他无法推开。

警惕宝宝患上佝偻病

佝偻病俗称"软骨病"，是由于维生素 D 缺乏引起体内钙、磷代谢紊乱，而使骨骼钙化不良的一种疾病。佝偻病会使宝宝的抵抗力降低，容易合并肺炎及腹泻等疾病，影响宝宝的生长发育。

佝偻病主要有以下症状：

- 宝宝烦躁不安，夜间容易惊醒、哭闹，多汗，头发稀少，食欲缺乏。
- 宝宝骨骼脆软，牙齿生长迟缓；方颅，囟门闭合延迟；各关节增大，胸骨突出，呈"鸡胸"状，脊椎弯曲；腿骨畸形，出现 O 形腿或 X 形腿；行动缓慢无力。
- 肌肉软弱无力，腹部呈壶状。

佝偻病患儿的家庭护理

1 宝宝每天应在室外活动 1 ~ 2 小时，晒太阳能促使维生素 D 的合成，预防佝偻病。

2 每天补充适量的维生素 D。此外，应根据宝宝的需要来补充钙剂。

3 提倡母乳喂养，及时给宝宝合理地添加如蛋黄、猪肝、奶及奶制品、大豆及豆制品、虾皮、海米、芝麻酱等辅食，以增加维生素 D 的摄入。

4 不要吃过多的油脂和盐，以免影响钙的吸收。

宝宝口吃的早期发现和矫正技巧

正常说话是按一定的节奏进行的，即一句话分成几个词组，每个词或词组的第一个字发声轻柔一些，逐渐提高响度，达到应有的响度后从容地滑到第二个字。比如说"我们要到学校去"，分成 3 个词组，"我""要""学"3 个字发声轻柔，然后逐渐提高响度，滑到"们""到""校"，就像唱歌一样，抑扬顿挫，一低一高，形成一起一伏、连续不断的波浪式的节奏。

口吃患者往往是词或词组的第一个字发声特别急、短、重，因此不能流畅地滑到第二个字，于是出现重复或延长第一个字的发音的情况。比如"我们……"发成"我、我们"或"我——们……"口吃的宝宝唱歌却很流畅，就是因为歌的曲子是抑扬顿挫的，可以使宝宝运气自如、连续、有节奏。

学龄前儿童比较容易口吃。这个年龄段的宝宝词汇还不太丰富，又很想表达自己的意思，有时急于说话，便会出现口吃的现象，应当及时纠正，以免成为习惯。环境对宝宝影响很大，如果抚养宝宝的人有语言障碍，就可能影响宝宝学习语言，导致宝宝口吃，应当避免。如发现宝宝有口吃，应心平气和地让宝宝中止说话，告诉宝宝说话慢一些，声音轻柔一些，第一个字音发低一些，大人先说一遍，让宝宝跟着重复几次，再让宝宝自己说。

让宝宝背诵一些古诗，学习古诗，有利于提高发音器官的灵活性。

断母乳时宝宝哭闹怎么办

1 提前为断母乳做准备。在宝宝 6 个月以后，每天增加一定量的配方奶，减少母乳喂养的次数，保证营养供给，按时添加辅食。

2 不要让宝宝养成大人抱着睡或者含着母亲的乳头入睡的习惯。宝宝入睡后，妈妈可以守候在他的床边，以减少宝宝与母亲分离的担心，使宝宝安稳入睡，逐渐淡化宝宝对母乳的依赖。

3 断母乳时，妈妈要采取果断的态度，不要因宝宝一时哭闹就下不了决心，从而拖延断母乳的时间；也不要突然断一次或几天未断成，又突然断一次，接二连三地给宝宝不良情绪刺激。这样不利于宝宝的心理健康，容易造成宝宝情绪不稳、夜凉、拒食及心理疾病等。

4 断母乳期间，父母要对宝宝格外关心和照料，并多花一些时间来陪他，和他多做游戏，抚慰宝宝的不安情绪，能大大改善宝宝的哭闹行为。

5 任何简单、粗暴的断母乳方法，都会让宝宝不悦，引起身体和心理上的不适，造成日后喂养困难、营养不良、情绪不佳、抗病能力下降等后遗症。如果妈妈突然和宝宝分开，或一下子断乳，以及在乳头上涂抹苦、辣的东西，只会让宝宝因缺乏安全感而大哭大闹。

猩红热的早期发现和治疗

猩红热是宝宝感染链球菌后引起的一种急性传染病，表现为突然高热、嗓子痛等。皮疹绝大多数发生在发病后 1～2 日，在几小时内由颈、胸、腹背而迅速到达四肢，遍及全身。典型的皮疹为在全身弥漫潮红的基础上，散在粟粒大小猩红色斑丘疹，稍突出皮肤表面，呈"鸡皮"状。用手指按压可褪色，皮疹之间少见正常皮肤。口周显苍白圈，这是猩红热的特点之一。

在皮肤皱褶处有紫红色线条。舌肉红色，有小突起，似杨梅状，称杨梅舌。疹退后有小片或大片脱屑。猩红热可并发脓毒败血症、肺炎等而危及生命，还可并发心肌炎、肾炎等，应尽量早发现早治疗。

患猩红热的宝宝的居室应通风，尽量隔离宝宝，避免传染给别人，也可防止宝宝继发其他感染。患病宝宝要卧床休息，以利于恢复。

给患病的宝宝提供营养丰富、富含维生素的流质或半流质食物；在发热出疹时应让宝宝多饮水；注意口腔卫生，可用淡盐水漱口，一日3~4次；及时清除鼻腔分泌物，用青霉素软膏涂口唇和鼻腔；皮疹退后会出现皮肤脱屑，有痒感，注意不要用手剥离皮屑，以免引起感染，痒时可用炉甘石洗剂涂抹。注意观察病情变化，在发病2~3周时，注意小便颜色是否加深，如宝宝尿液似酱油色或洗肉水色，尿量减少，面部、四肢水肿，以及出现关节红肿痛等症状时，应及时去医院就诊。

宝宝做噩梦了

噩梦的发生，常由于宝宝在白天碰到了某些强烈的刺激，比如看到恐怖的电视或听到恐怖的故事等，这些强烈的刺激都会在宝宝的大脑皮层上留下深深的印迹，让宝宝做噩梦。此外，宝宝身体不适或某处有病痛，或宝宝生长快，而摄入的钙又跟不上需要时，也会做噩梦。那么父母怎样帮助宝宝走出噩梦呢？

1 在宝宝做噩梦哭醒后，妈妈要将他抱起，安慰他，用幽默、甜蜜的语言解释没有什么可怕的东西，以化解宝宝对噩梦的恐惧感。

2 要了解宝宝在白天看见了哪些可怕的东西，向宝宝讲清不用害怕的道理，免得以后再做噩梦。有的宝宝在下雨刮风时看到窗外的树或其他东西不断地摇晃，就会联想到可怕的东西，到了入睡后自然会做噩梦。所以妈妈可带宝宝到窗外去走走，让宝宝知道窗外并没有什么可怕的东西，那些摇晃的东西不过是风吹动的树枝等。

3 如果宝宝在第2天还记得梦中的怪物，妈妈可让宝宝将怪物画下来，以培养宝宝的创造力，然后借助"超人""黑猫警长"等的威力打败怪物，来安慰宝宝。

4 当宝宝初次一个人在房间睡时，会因害怕而做噩梦，此时妈妈一方面要向宝宝讲一个人睡的好处，另一方面可开个小灯，以消除宝宝对黑暗的恐惧，也可以打开门，让宝宝听到父母的讲话声，感觉到父母就在身边，这样宝宝就可安心入睡了。

5 预防宝宝做噩梦，父母在白天不要给宝宝太强的刺激，也不要责备和惩罚宝宝。入睡前半小时要让宝宝安静下来，以免过度兴奋引起噩梦。

宝宝爱打人怎么处理

大多数宝宝到了1岁多，会出现打人现象，这是一种自然现象。但个别宝宝到3岁左右还常常无来由地打人，应该怎么办呢？

找出宝宝打人的原因

- 宝宝早期的嬉戏拍打动作，属于正常的交往行为，如果父母错误地引导或强化了这个动作，娇惯宝宝而没有及时制止，就会使宝宝养成喜欢打人的不良嗜好。
- 父母很少与宝宝沟通，宝宝内心孤独，或者交往技能和语言表达能力差。自己的想法和要求说不清楚，别人没有照做，情绪不好就打人。比如，想要某个东西人家不给，他又不会"要"，于是就打人。
- 寻求注意。在宝宝做好事的时候，往往得不到足够的关注，而他又渴望被关注。得不到注意的时候，宝宝就会做一些较强烈的动作，如"打"来引起注意。
- 喜欢看别的小朋友被打以后哭的样子，缺少同情心。
- 一些生理因素导致烦躁，如在饿了、累了、生病、出牙、不舒服等情况下，打人就比较频繁。

父母的态度很重要

家长要时刻注意自己的言行。当宝宝打人时，父母要表现出应有的威严，不能对此一笑了之，甚至开心地享受宝宝发脾气时别样的可爱之处，更不应主动逗宝宝发脾气、打人。让宝宝感受到，自己出现攻击行为时，他人正常的反应是什么。时间长了，宝宝明白这种行为不被人接受，自然就会有所改变。

培养宝宝的爱心

- 让宝宝尽早建立正确的情感表达方式，并不断强化。如教宝宝亲吻父母、抚摸父母，以表示对父母的爱。
- 经常带宝宝与其他小朋友一起玩，养小金鱼、种花等，培养宝宝的爱心。
- 培养宝宝对他人的同情心，即对别人情绪、情感的理解和体验。
- 经常表扬宝宝好的行为，提高他的自信心，让他感受到被爱、被注意。

快乐益智

左脑开发方案

宝宝已经知道数的多少，能进一步记住（背熟）数的名称，从而发展机械数数的能力，在大多数情况下，会用一个名词描述整个种类，开始会运用想象力玩玩具，具有了象征性的思想能力。

| 图片分组 | 数学能力 | 观察判断 | 逻辑推理 |

✿ 益智目标

培养宝宝的观察判断和逻辑能力。

✿ 亲子互动

让宝宝试着将这 6 张图片分为两组（提示关键词：颜色）。

听到了哪些声音

❀ 益智目标

让宝宝倾听各种声音，以声音来感受周围的环境，他的好奇心和求知欲也会被激发出来。

❀ 亲子互动

1 带宝宝到一个接近大自然的室外环境时，父母可以告诉宝宝注意听某种声音，例如水声、风声和雷声等。

2 我们生活的城市里还有很多的声音，如机车启动、汽车按喇叭、消防车的长鸣、盖高楼的敲击声等，都可以让宝宝注意听。

儿歌

下雨啦，哗哗哗；

打雷啦，轰隆隆；

刮风啦，呼呼呼；

小河流水哗啦啦；

汽车响，嘟嘟嘟；

飞机飞，嗡嗡嗡；

宝宝笑，哈哈哈；

拍拍手，啪啪啪。

温馨提示

在宝宝对这些声音有了记忆之后，可以让他听到声音后马上辨认，来刺激宝宝左脑的听觉记忆能力，让他的感觉更敏锐，变得更机灵。

右脑开发方案

宝宝已经会做穿珠、画画等手部精细动作，如用尼龙绳穿珠子、用筷子夹菜、解系纽扣等。此时的宝宝都具有过目不忘的"超能力"，多看书、卡、图片等，反复、多次练习，可丰富宝宝的右脑信息量。

找亮光

大动作能力　身体灵活性　反应能力

✿益智目标

训练宝宝动作的敏捷性、身体的灵活性及反应能力。

✿亲子互动

❶ 准备一面小镜子。

❷ 在天气晴朗时，选择比较空旷的场地。

❸ 父母用小镜子对准太阳，将亮光反射在地面上。

❹ 让宝宝去捕捉亮光，并用脚踩踏照在地上的亮光。

❺ 开始时，光移动的幅度不要太大，待宝宝反应较快时，再加大移动幅度。

温馨提示

不要用光照射宝宝的眼睛。父母可以不断地变换方位，锻炼宝宝跑的动作和灵活反应。

手影游戏

创造能力　想象能力　精细动作

❀ 益智目标

让宝宝动手实践是激发创造力的必要前提。宝宝动手不仅有助于表达他潜在的创造能力，更能促进其创造力的进步发展。

❀ 亲子互动

1. 手影游戏不要特别复杂的设备，只要一支蜡烛或一个手电，甚至一轮明月即可。

2. 展开巧思，通过父母手势的变化，创造出种种事物的形象。因手影主要做给宝宝看，宝宝喜爱动物，于是兔子、狗、猫等就成了手影的主要表现对象。"像不像，三分样"，通过形似的手影游戏，可以启发儿童的联想思维。

温馨提示

最初教宝宝手影游戏时可以边说边演示，再加上一些丰富的面部表情，只要求他能随着父母做动作即可，待熟练后，可依据宝宝的具体情形做出不同的要求。

育儿微课堂

宝宝已经1岁7个月了，但是还不会说话，这正常吗？

A 对"不会说话"的宝宝，家长首先应判断宝宝是不会说话，还是觉得没有必要说话。现在太多家长非常理解宝宝的肢体语言，并且能够满足宝宝全部肢体语言的需求，导致宝宝觉得没有必要说话，或只会叫人即可。语言是交流的工具，排除耳聋原因，说话晚就很可能与家长引导有关。家长可以试着不要马上满足宝宝的要求，鼓励宝宝说出自己的意愿而不是用肢体语言表达。

我的孩子快20个月了，虽然大人说的话她都明白，可是却不肯说话，倒是自己常常说一串让人无法明白的话，这正常吗？

A 不用担心。你的宝宝不是不肯说话，宝宝所理解的语言要远远大于她所能表达的语言。宝宝说大人听不懂的语言是语言发育中的正常现象，宝宝处于语言"乱说"和"瞎编"期，这说明宝宝已经理解不少语言了，开始将所闻所见和来自大脑的思维内容转化成内心语言。在宝宝的词汇量还没有达到能将她的内心语言表达出来前，让人不明白的话就脱口而出了。随着宝宝语言表达能力的提高，这种现象就消失了。

宝宝不愿吃饭，只吃面包，宝宝光吃面包可以吗？

宝宝不愿吃饭，只要面包，说明宝宝认为面包比饭更好吃，并不是非喂宝宝吃饭不可，喂宝宝吃面包也可以。硬逼着宝宝吃饭，反而会使宝宝产生反抗心理，从而对吃东西做出抵制的反应。在喂宝宝吃面包的同时，趁着宝宝高兴的时候喂饭，说不定会意外地发现宝宝也吃得很投入。

宝宝总是爱黏着妈妈，只要妈妈出门，宝宝都哭闹着非跟去不可，怎么办？

宝宝一般都会紧跟着妈妈，不愿分开。但是，因此无条件领着宝宝一起外出，会让宝宝认为只要哭闹，任何地方都可以去。妈妈可以把要去的地方告诉宝宝，并在与宝宝约好的时间内准时回来，使宝宝对妈妈产生充分的信任，宝宝就会慢慢减少哭闹耍赖。

我的儿子现在1岁半多了，最近发现他的头发越来越黄，甚至出现了白发，是缺锌吗？

头发的色泽与遗传有很大关系，特别是1岁以后，来源于母体的营养逐渐消失，孩子的发色会越来越接近父母的发色。但若是缺乏光泽，头发干燥、纤细、稀疏、不整齐，则应考虑去医院检查。缺锌会使头发变黄、缺乏光泽，使孩子食欲差、生长发育缓慢等，宝宝是否缺锌需要经过化验，并由医生对化验结果和宝宝的具体情况综合分析做出诊断。

本章小结

记录宝宝的成长点滴

分类	游戏	方法	第一次出现的时间	最令你难忘的记忆
认知	配对	父母将实物放在桌上，让宝宝从旁边的图卡中找出相应的图卡与实物放在一起	第__月 第__天	
	知道用途	父母将日常用品拿出几种放在桌上，如肥皂、碗、水杯等，问宝宝："这是做什么用的？"	第__月 第__天	
动作	抛球	父母递给宝宝一个球，然后让宝宝朝指定方向抛球	第__月 第__天	
	追球跑	父母将球踢出，鼓励宝宝去追	第__月 第__天	
	搭积木	父母拿出积木盒，鼓励宝宝搭高楼	第__月 第__天	
	爬上椅子够玩具	将玩具放在桌子上，鼓励宝宝去取	第__月 第__天	
	穿珠子	父母先示范穿珠子，宝宝模仿	第__月 第__天	
语言	分辨声音	父母模仿各种声音，如刮风声、下雨声、火车声、汽车声、动物声等，让宝宝说出分别是什么声音	第__月 第__天	
	背诵数字	教宝宝背诵数字1～5，父母拿出几个苹果或其他物品，教宝宝数数	第__月 第__天	

分类	游戏	方法	第一次出现的时间	最令你难忘的记忆
情绪与社交	同伴关系	带宝宝去游乐园，鼓励宝宝和同伴交往	第__月 第__天	
	表达需要	注意观察宝宝是否会用语言表达自己的需要	第__月 第__天	
自理	脱裤子	大小便时，父母鼓励宝宝自己脱裤子	第__月 第__天	
	自己吃饭	让宝宝坐在自己的位置上，放好他的饭碗和勺子	第__月 第__天	

1岁9个月宝宝身体发育参照指标

项目	男宝宝（均值）	女宝宝（均值）
体重（千克）	11.9	11.3
身长（厘米）	86.1	84.9
头围（厘米）	47.9	46.9
出牙情况	牙齿12~20颗（20颗乳牙出齐）	

Part
8

1岁10个月~2岁
不安分的小淘气

完美营养

零食不能是宝宝的最爱

零食不能是指正餐以外的食品。零食花样繁多，外观精致，味道鲜美，加上铺天盖地的广告作用，不但宝宝爱吃，大人也爱吃。有的宝宝甚至发展到见到零食就要，吃零食比吃饭还多的地步。有的家长认为宝宝喜欢吃零食就让他吃，零食也是食品，一样有营养，正餐吃得不多，恰好可以由零食来补充，其实这种想法是错误的。

就零食本身而言，有的零食含有一定的营养成分，对人体健康无害；有的零食由淀粉与调料加工而成，没有什么营养价值；但也有一些零食含有大量的调味料及人工色素、防腐剂，长期食用有害无益。无论哪一种零食，如不加限制地给宝宝吃，对宝宝的健康和生长发育都没有好处。

喂养要点

乳酸菌饮料可以代替牛奶、酸奶吗？

市场上常见的各种乳酸菌饮料虽然叫"××奶"，但实际上含奶量非常少，其中蛋白质、脂肪、铁及维生素的含量都远低于牛奶。一般酸奶的蛋白质含量都在 3% 左右，而乳酸菌饮料只有 1% 左右，而且酸奶可以为宝宝提供足够的乳酸菌，因此从营养价值上看，乳酸菌饮料远不如酸奶，绝对不能用乳酸菌饮料代替牛奶、酸奶。

宝宝不宜常吃的零食

油炸食品	炸鸡翅、炸羊肉串、炸薯条（片）等。
冷饮	冰棍、冰激凌、雪糕等。
膨化食品	虾条、爆米花等。

糖果	奶糖、巧克力、口香糖、泡泡糖等。
含糖分高的饮料	可口可乐、果汁、乳酸饮料等。

宝宝"伤食"怎么办

宝宝进食量超过了正常的消化能力，便会出现一系列消化道症状，如厌食、上腹部饱胀、舌苔厚腻、口中带酸臭味等。这种现象称为"伤食"。

处理方法

可暂时让宝宝停止进食或少食1～2餐，1～2天内不吃脂肪类食物。哺乳期宝宝可以喂脱脂奶、胡萝卜汤、米汤等；已断奶宝宝可以吃粥、豆腐乳、肉松、蛋花粥、面条等。同时可在医生指导下给宝宝服用一些助消化的药物。

食疗方法

将土豆（不要用发芽的）洗净，连皮切成薄片，和洋葱片、胡萝卜一起入锅，用大火煮烂后加入盐调味。每天3次，每次吃1小碗，空腹服下。

糖炒山楂。取红糖适量（体内有热、舌尖红、舌苔厚黄、口干者，红糖需改成白糖或冰糖），把糖炒一下后再加上去核的山楂炒5～6分钟，闻到酸甜味即止。每顿饭后吃少量，或泡水喝下。

别给宝宝滥用补品

有些补品中含有一定量的雌激素样物质，即使是"儿童专用滋补品"，也不能完全排除其含有类似性激素和促性腺因子的可能性。儿童长期大量服用滋补品，不仅会"拔苗助长"，导致性早熟，还可能造成宝宝身材矮小，因为雌激素具有促使骨骺软骨细胞停止分裂增殖，促进骨骺与骨干提前融合的作用。

健康宝宝不必进补；患急性病尚未痊愈的宝宝、慢性病处于活动期的宝宝不宜进补。对于已服补品的宝宝，一旦出现性早熟，应立即停药，及时去医院诊治。

有针对性地给宝宝添加膳食补充剂

　　市场上专门为宝宝提供的营养品很多，补钙的补锌的补赖氨酸的，等等。父母们对补充剂要有正确的认识，请记住这样一条原则：只要不偏食，宝宝从食物中就能摄取足够丰富和全面的营养素，没有特殊的需要就没有必要添加额外的营养品。如果你的宝宝确实因为某些原因需要补充营养，也最好先询问医生的意见，选择一种合适的补品，有针对性地添加。

　　宝宝的系统功能还未发育成熟，调节功能相对较差，不恰当地补充营养不但会为宝宝增加身体负担，还会造成各种疾病，比如，补充维生素 A 过量容易造成维生素 A 中毒。

宝宝生病，如何调整饮食

　　宝宝一旦生病，消化功能难免会受到影响，引起食欲减退。作为父母，不要操之过急，而应合理调整宝宝的饮食。

1 对于持续高热、胃肠功能紊乱的宝宝，应喂食流质食物，如米汤、牛奶、藕粉之类。

2 一旦宝宝病情好转，即由流质食物改为半流质食物，除煮烂的面条、蒸蛋外，还可酌情增加少量饼干或面包之类。

3 倘若宝宝疾病已经康复，但消化能力还未恢复，表现为食欲欠佳或咀嚼能力较弱时，则可提供易消化而富有营养的软饭、菜肴。

4 一旦宝宝恢复如初，饮食上就不必加以限制了。这时应注意营养的补充，包括各类维生素的供给，并应尽量避免给宝宝吃油腻和带刺激性的食物。

别让宝宝边吃边玩

宝宝吃几口，玩一阵子，会使正常的进餐时间延长，饭菜变凉，还容易被污染，影响胃肠道的消化功能，会加重厌食。吃饭时玩玩具也会导致胃的血流供应量减少，消化机能减弱，食欲缺乏。这不仅损害了宝宝的身体健康，也容易使宝宝养成做事不专心、不认真的坏习惯。

不要跟别的宝宝攀比食量

父母对自己的宝宝每餐能吃多少食物要有正确的估计。对宝宝饭量的设定也要根据实际需要，不要随意与其他宝宝比较。因为宝宝满1岁后，饮食有较明显的变化，个体差异也越来越明显。宝宝的食量因人而异，而且，宝宝是知道饱的，他能够自行调节每餐的进餐量，所以，当宝宝不肯再吃一口时，父母就不要勉强喂了。一定不能强迫宝宝进食。营养可以从别的食物中补充，宝宝对食物的兴趣一旦丧失，则是无法弥补的。

宝宝营养食谱推荐

蔬菜饼

材料 圆白菜、胡萝卜各30克，豌豆20克，面粉50克，鸡蛋1个。

做法

1. 将面粉、鸡蛋和适量水和匀成面糊。
2. 圆白菜、胡萝卜洗净，切细丝，与豌豆一起放入沸水中汆烫，捞出沥干后，和入面糊中。
3. 将面糊分数次放入煎锅中，煎成两面金黄色即可。

悉心教养

宝宝 1 岁半后不宜总穿开裆裤

这是因为宝宝到 1 岁半以后喜欢在地上乱爬，若穿开裆裤，会使外生殖器裸露在外，特别是小女孩尿道短，容易感染，严重者可发展为肾盂肾炎。

小男孩穿开裆裤，会在无意中玩弄生殖器，日后有可能养成手淫的不良习惯。在冬季，宝宝因臀部露在外边，易受寒冷而引起感冒、腹泻等。而且穿开裆裤的宝宝很容易就地大小便，一旦养成习惯，到 4 ~ 5 岁就难以纠正了。

因此，从宝宝 1 岁左右起，就应穿满裆裤，并让宝宝逐渐养成坐便盆和定时大小便的习惯。

冬季注意保暖防病

冬季气候寒冷，空气干燥，冷暖变化大，流行的传染性疾病也多。同时，寒冷的气候会刺激呼吸道的黏膜，使血管收缩，降低了呼吸道的抵抗力及宝宝的免疫力，为此，应做好以下保健工作，防止细支气管炎、肺炎、流脑、流行性感冒等冬季易发的疾病。

1 避免着凉。冬季寒潮多，宝宝极易着凉感冒而引发冬季易患的疾病。因此，冬季要注意给宝宝保暖，避免着凉。

2 保护皮肤。冬天气候寒冷干燥，皮肤容易发痒和出现裂口。为此，应给宝宝多吃些肉、鱼、蛋和蔬菜、水果，多喝开水，并常用热水泡手，选用适合宝宝皮肤特征的护肤品，给宝宝搽脸和手。

3 注意室温。冬季对人体健康最适宜的室温是 18℃ ~ 24℃，儿童生活的室温宜高一点儿，室温过低，易使宝宝患感冒或生冻疮。

4 在晴朗天气，应带宝宝到户外活动，多晒太阳，以增加宝宝体内的维生素 D 合成，增加对钙、磷等矿物质的吸收。

5 不坐凉地，在冬季，石头、水泥地、沙土地等温度都很低，不要让宝宝坐在上面，以免引起感冒、坐骨神经痛、风湿性关节炎和冻疮等，影响宝宝的身体发育和健康。

6 不去商场。冬天，不要带宝宝到影剧院、商场等人多的场所，尤其不要带宝宝到医院或病人家中去探视病人，以防感染。

龋齿从预防开始

食物的残渣在牙缝中发酵，会产生多种酸，从而破坏牙齿的釉质，形成空洞，造成龋齿，导致牙痛、牙龈肿胀，严重的会使整个牙坏死。采取以下措施，可有效避免龋齿的产生。

注意饮食。大多数宝宝喜欢吃甜食，为腐蚀性酸的产生创造了条件。此外，缺钙也会影响牙齿的坚固程度，牙齿因缺钙而变得疏松，易形成龋齿。维生素 D 可帮助钙、磷吸收，维生素 A 能增加牙床黏膜的抗菌能力，氟的抗龋作用也不可少，所以要多吃富含维生素 A、维生素 D、钙和氟的食物，如乳品、肝、蛋类、肉、鱼、虾、海带、海蜇等。对宝宝吃甜食要加以限制，在吃糖后要漱口，不要让糖留在口内，吃糖的时间也要限制在半小时以内。

做好宝宝的牙齿保健。要让宝宝养成早晚刷牙的好习惯，最好在饭后也刷牙。牙刷要选择软毛小刷，刷时要竖着顺牙缝刷，上牙由上往下刷，下牙由下往上刷，切忌横着拉锯式刷，否则易使齿根部的牙龈磨损，露出牙本质，使牙齿失去保护而容易遭受腐蚀。

当宝宝满 2 岁时，乳牙已基本长齐，父母应带宝宝去医院检查一下，并处理乳牙上的积垢，在牙的表面做氟化物处理。当后面的大牙一长出来，就要在咬合面上涂一层防龋涂料。这样做可以大大地减少龋齿产生的可能性。

另外，要定期去看牙科，发现有小的龋洞就要及时补好，一般可每隔一年定期做牙齿保健。

尽早让宝宝爱上刷牙

及早培养宝宝的刷牙习惯

从宝宝第一颗乳牙萌出，父母就要用干净的纱布包着自己的示指，并蘸上干净的水，帮宝宝洗去牙床、口腔内的奶块及其他辅食附着物，每天坚持擦洗，直至2岁半后。

让宝宝学会漱口

宝宝学会刷牙前，可以先教他漱口。漱口能漱掉口腔中的部分食物残渣，是保持口腔清洁的简便易行的方法。可以先示范给宝宝看，让宝宝逐渐掌握。宝宝可以用清水或淡盐水来漱口。

教宝宝用牙刷

宝宝2岁半后，父母就应给宝宝使用专门的牙刷，手把手教他掌握正确的刷牙方法。每天早晚各刷1次，耐心指导，到了3岁，宝宝就会独立完成刷牙动作了。

提高刷牙的乐趣

讲故事

家长可以编一些有关保护牙齿的小故事，提升宝宝对刷牙的兴趣，让宝宝养成主动刷牙的习惯。

做好榜样

为了提升宝宝的兴趣，每天早上和晚上临睡前展开"刷牙大赛"，比谁刷牙最积极、最认真、最彻底，可设奖励或表扬。

角色扮演

家长可扮演龋齿患者，生动地进行表演，更便于宝宝接受爱护牙齿的道理。

为宝宝选一把好牙刷

宝宝的牙刷全长以12~13厘米为宜，牙刷头长度为1.6~1.8厘米，宽度不超过0.8厘米，高度小于0.9厘米。牙刷柄要直且粗细适中，便于宝宝满把握持。牙刷毛应软硬适中、富有弹性，毛面平齐或呈波浪状，毛头应经磨圆处理，硬毛的牙刷会伤害宝宝的牙龈。

一般情况下，应3个月更换一把牙刷，如果刷毛变形或牙刷头积储有污垢，应及时更换。

挑选合适的牙膏

当宝宝学会刷牙后，就可以给宝宝使用牙膏了，在这之前暂时不给宝宝使用牙膏，只使用温水或淡盐水即可。宝宝适合使用芳香型、刺激性小的牙膏。牙膏产生的泡沫不要太多，牙膏中的摩擦剂粗细适中。此外，还要注意，要经常为宝宝更换不同的牙膏。

牙膏只用豌豆大小的量即可。不要挤满牙刷，那样容易使牙膏残留，对宝宝牙齿不利。

正确的刷牙方法

引导宝宝竖着刷牙

刷牙时要照顾各个牙面，不能只刷外面。要将牙刷的毛束放在牙龈和牙冠处，轻轻压着牙齿向牙冠尖端刷。刷上牙床由上向下，刷下牙床由下向上，反复刷 6~10 下。要将牙齿里外上下都刷到，刷牙时间不少于 3 分钟。

用清水漱口

刷完后，用清水漱口多次，连着牙膏泡沫一起吐出，一般宝宝不会把牙膏泡沫吞入胃中，即使吃了一点儿也无所谓，告诉宝宝下次刷牙漱口的正确方法，多漱几次就行了。

宝宝牙齿的综合保健方法

婴儿期的宝宝注意多补充营养物质，如蛋白质、钙、磷、维生素 D 等。

及时给宝宝添加帮助乳牙发育的辅食，如饼干、烤馒头片等，来锻炼乳牙的咀嚼能力。

加强锻炼，多晒太阳，多接触大自然中的空气和水，增强宝宝体质，预防疾病。

宝宝的牙刷，其刷头要适合宝宝的口腔大小，宜用软毛、弹性好的磨毛牙刷，便于按摩牙龈，不要使用大头硬毛牙刷。

纠正不良的口腔习惯，如吸吮手指等。

定期进行口腔检查,对于口腔疾病,早发现早治疗。

漂亮的牙刷、牙膏、刷牙杯，
也是让宝宝爱上刷牙的重要道具。

预防宝宝肘部脱位

小儿时期肘关节囊及肘部韧带松弛薄弱，在突然用力牵拉时易造成桡骨头半脱位。家长在给宝宝穿衣服时动作过猛，或者宝宝不听话，大人突然用力地拉扯均可造成脱位。如果出现过一次肘关节脱位，很容易再出现第 2 次、第 3 次，形成习惯性半脱位。

桡骨头半脱位以后，宝宝会立即感到疼痛并哭闹，肘关节呈半屈状下垂，不能活动。到医院复位后，疼痛自然消失，便可抬肘。

培养宝宝入托的欲望

宝宝到 1 岁半或 2 岁时就要考虑送托儿所。从家庭到托儿所，宝宝的生活环境发生了巨大变化。对新环境、新脸庞、新的生活制度，宝宝往往感到无所适从，哭闹拒睡，食欲下降，甚至患病。不少宝宝因此不肯再去托儿所。遇此情况，父母往往会焦虑不安，无法应对。

如何解决这一困难呢？

首先，在入托前，家长应经常带宝宝去托儿所玩耍，熟悉环境和老师，消除宝宝对陌生人、新环境的陌生感，增加安全感。对依赖性比较强的宝宝，要给他创造接触陌生人的机会。

其次，要了解托儿所的制度和规定，使宝宝尽快适应新环境。给宝宝讲一些托儿所里有趣的事，培养宝宝对托儿所的好感，让宝宝产生去托儿所的愿望。

此外，应主动向老师介绍宝宝的习惯和脾性，以便使老师尽快了解和熟悉宝宝。家长应坚持天天送宝宝入托，不要断断续续、停停送送，要按时接送。

对个别入托后长时间不适应托儿所生活，引起抵抗力下降而生病的宝宝，最好延迟到 3 岁以后入托，因为 3 岁以后，宝宝对父母的依赖感逐渐减弱，适应新环境的能力逐渐增强。

培养宝宝良好的性格特质

细心的家长都会发现，宝宝在平时的生活、玩耍、游戏、学习中，会表现出一些比较稳定的特点，如有的宝宝比较合群，有的比较任性、自私，有的比较大胆、勇敢，有的比较胆小、怯懦，有的宝宝能自己做的事自己做，有的处处依赖家长等。这些宝宝在生活和活动中表现出来的特点，就是心理学上所说的性格。

宝宝的性格与其日后成长有着十分密切的关系。幼儿时期是培养宝宝性格的最佳时期之一，应从以下几个方面抓起。

教育宝宝做一个诚实的人

- 给宝宝树立诚实的榜样。幼儿模仿性强，家长平时的言行对宝宝诚实性格的形成至关重要。
- 正确对待宝宝的过错。宝宝做错事是很自然的，家长要态度温和地鼓励宝宝说出事情的真相，承认错误，帮助宝宝找出做错的原因，鼓励宝宝改正错误。
- 满足宝宝的合理要求与愿望。对宝宝提出的合理要求，家长要尽量满足，如一时无法满足，也要向宝宝说明原因。相反，如一味地拒绝，容易造成宝宝说谎或背着家长干坏事的情况发生。

培养宝宝的自信心

- 创造和谐、愉快的家庭氛围，建立良好的亲子关系，这可以给宝宝带来安全感。
- 帮宝宝获得成功的体验，提供能发展宝宝独立能力的学习机会，如系扣子、搬椅子等。
- 对宝宝的优点和进步要及时给予表扬和鼓励。

培养宝宝勤奋的品质

- 多让宝宝从事一些力所能及的劳动，根据宝宝身体发育的情况安排简单的劳动，让宝宝逐步认识到劳动的价值与乐趣，懂得尊重家长和他人的劳动成果，避免宝宝养成无所事事的不良习惯。
- 用人物传记、历史故事中勤奋的例子启发、教育宝宝，让宝宝向勤奋者学习。
- 家长以身作则，给宝宝树立勤奋的榜样。

快乐益智

左脑开发方案

　　这一时期宝宝的语言能力已经进入快速发展阶段，可以做一些复述句子的游戏，这些游戏可以训练宝宝的语言表达能力、记忆能力。父母可以选择内容简单、富有情节的小故事作为复述内容，父母还要经常与宝宝进行语言交流，这样既可增进亲子感情，又能对宝宝起到很好的心理安慰作用。

哪个碗里的花生多　　　数学能力　　逻辑能力

✿ 益智目标

培养宝宝比较多少的能力。

✿ 亲子互动

❶ 父母先准备好两个干净的小碗和一些花生。

❷ 将花生放入两个干净的小碗里，一个碗里放入 5 颗，另一个碗里放入 3 颗。

❸ 父母让宝宝观察两个碗里花生的数量，问宝宝："你看两个碗里的花生一样多吗？你想要哪个小碗里的花生呢？"

❹ 当宝宝做出回答后，父母再重新分配花生，继续游戏。

猜猜看

观察
能力

思维
能力

记忆
能力

✤ 益智目标

培养宝宝的观察能力和思维能力。

✤ 亲子互动

❶ 准备两只碗、一块积木（或其他小物品）。

❷ 父母出示两只倒扣的碗，其中一只碗扣住积木，另一只碗是空的，然后将两只碗交换位置，让宝宝猜一猜积木在哪只碗里。

❸ 如果宝宝猜对了，父母可增加移动的次数，增加游戏的难度；如果宝宝猜错了，就重来一次，并提醒宝宝注意观察。最终让宝宝明白，无论怎样变换碗的位置，积木都在原先的碗里。

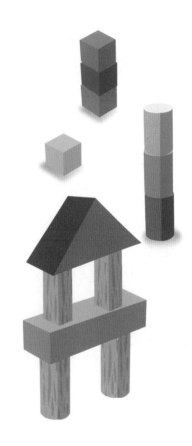

温馨提示

这个游戏一是让宝宝知道积木的位置并不是随着碗的位置改变而改变的；二是让宝宝集中注意力，始终抓住目标。

右脑开发方案

宝宝感情丰富了，情绪也复杂了，开始学会生气，也会害怕，会因受到表扬而得意，也会开始争宠。因此，父母不要老是把这一年龄段的宝宝关在家里，要让宝宝多多接触左邻右舍，多出去见见世面，有助于宝宝养成活泼、大方、开朗的性格。宝宝与外界接触得越多，知识面也就越广。可利用宝宝感兴趣的活动、游戏及玩具，训练宝宝的基本动作。

找朋友

社交能力　语言能力　反应能力

✿ 益智目标

提高宝宝与人交往的兴趣。

✿ 亲子互动

❶ 节假日或下班后，带着宝宝去户外和其他小朋友一起做游戏。

❷ 让宝宝们手拉手站着，围成一个圈。

❸ 其中一个小朋友站在圈子中央，父母和宝宝们一起唱《找朋友》，中间的小朋友随着歌曲在圈子里面"找朋友"。

找啊找啊找朋友——
（边拍手边顺着圈子往前走）

找到一个好朋友——
（示指点最近的那个宝宝）

敬个礼啊握握手——
（两个宝宝互相敬礼、点头）

我们都是好朋友，

我们都是好朋友。

> **温馨提示**
> 尽量让每个宝宝都有在圈子里面"找朋友"的机会，
> 这样每个宝宝都能觉得自己受重视、受欢迎。

拔萝卜

音乐能力　认知能力　五感能力

❦ 益智目标

训练宝宝对音乐的感受力。让宝宝知道多吃萝卜身体好。

温馨提示

游戏后可将洗净的萝卜切成片让宝宝尝尝，感知萝卜的味道。

❦ 亲子互动

① 准备用卡纸做成的"萝卜娃娃"，红萝卜、白萝卜实物或图片。

② 做游戏前，先教宝宝认识红色和白色，然后叫宝宝按父母的指令拔萝卜，接着父母拿出"萝卜娃娃"跟宝宝打招呼，随后和宝宝表演"兔妈妈和小兔拔萝卜"的游戏。

③ 父母和宝宝边拔萝卜边演唱歌曲。

1=C　2/4

5 5 3 | 5 5 3 | 5 5 3 3 | 5 5 3 |

小朋 友 快 快 来，快来拔个 大 萝卜。

× × | × － | × × | × － |

(白) 红萝卜，　 (红) 白萝 卜

6 5 6 1 | 3 2 | 1－||

又 好 吃 来 又 好 看。(啊呜)

育儿微课堂

我的孩子已经1岁10个月了，可是还习惯于边睡边吃米粉，怎么办？

A 改变孩子已经养成的习惯并不是容易的事。养成一种习惯所需要的时间远远短于改变某种习惯的时间。要改变某种习惯，需要的是耐心和持之以恒的坚持。其实，在育儿过程中，很多问题并不是孩子的问题，而是父母的问题或是父母认识上有偏颇，所采取的方法不正确、不科学。宝宝睡觉的时候吃米粉，不是宝宝的问题，如果父母不去喂宝宝，宝宝怎么会在睡觉的时候吃饭呢？

宝宝喜欢趴着睡，会不会影响睡眠质量？

A 如果宝宝睡得很香，不哭也不闹，也没有醒来，千万不要打扰。有的时候，父母会因为孩子趴着睡而频繁地将宝宝恢复成仰卧，这样做反而影响孩子睡眠。

宝宝喜欢听，父母怎么对他说话呢？

A 一字一句，语音清晰地和宝宝说话。宝宝更喜欢听妈妈说话，因为妈妈音调高，语句显得清晰，爸爸和宝宝说话时，要尽量提高音调。宝宝喜欢父母重复着说话，因为内容陌生，多次重复可以帮助宝宝尽快熟悉语言并学会运用。宝宝希望父母将句子简单化，尽可能多用名词，最好用一般陈述句和肯定句。宝宝不喜欢父母枯燥地教他说话，喜欢让父母结合当时的场景做绘声绘色的描述。

我的宝宝23个月了，乳牙从18个月到现在都是16颗，什么时候能出齐？

A 这是典型的个体差异。乳牙一般在2岁到2岁半出齐，宝宝已经萌出16颗乳牙，还有4颗乳牙未萌出，即上、下、左、右各一颗。宝宝乳牙的萌出多呈连续性，但有时也呈阶段性。宝宝18个月时萌出了16颗，现在23个月了，那4颗未萌出的乳牙已经快要"破土"而出了。绝大多数的宝宝在2岁半前乳牙都会出齐，让宝宝多吃些有硬度的食物，对乳牙萌出有利。

宝宝的口水增多、牙龈红肿，这是怎么回事？

A 宝宝的乳牙萌出时，会刺激三叉神经，使唾液分泌增多，宝宝口腔浅，且不能容蓄过多的唾液。所以，在出牙期间会有较多的口水流出。随着月龄增加，牙齿出齐，宝宝流口水的现象就减轻了。乳牙萌出是正常的生理现象，宝宝不会因为乳牙萌出而出现牙龈发炎和肿胀。如果宝宝牙龈肿痛并伴有发热，就应该考虑患了牙龈炎或其他疾病。牙龈炎是多种细菌感染所致，应进行抗感染治疗，要尽快去医院。

宝宝居然直接叫父母的名字，是不是很没礼貌？

A 这时候，宝宝不但知道父母叫什么名字，还能够告诉其他人。更有意思的是，宝宝可能会直呼父母的名字。有些父母会认为孩子没礼貌，但事实上，这么大的宝宝正经历"直呼其名"的语言、心理发育过程。他的内心感受到的只有"直呼其名"的胜利喜悦，并不懂什么是礼貌。如果宝宝因为这样的探索而遭到训斥，那么宝宝可能会变得胆小懦弱。

本章小结

记录宝宝的成长点滴

分类	游戏	方法	第一次出现的时间	最令你难忘的记忆
认知	配对	父母将实物放在桌上，让宝宝从旁边的图卡中找出相应的图卡与实物放在一起，宝宝能配成 3 对	第＿月 第＿天	
	知道用途	拿出几种日用品放在桌上，如水杯等，问宝宝："这是做什么用的？"宝宝能回答 4 种以上用处	第＿月 第＿天	
	自然现象	父母经常为宝宝解释自然现象，并向宝宝提问，如"现在是白天还是晚上"，宝宝能准确回答	第＿月 第＿天	
动作	抛球	宝宝能按指定方向抛球	第＿月 第＿天	
	双脚跳	鼓励宝宝双脚跳离地面，宝宝能跳 2 次以上	第＿月 第＿天	
	搭积木	父母拿出积木，鼓励宝宝搭高楼，宝宝能搭 6 块以上	第＿月 第＿天	
	翻书	父母示范一页一页地翻书，让宝宝模仿，每次翻一面，宝宝能连续翻 3 面以上	第＿月 第＿天	
	追球跑	父母将球踢出，宝宝能追球跑	第＿月 第＿天	
语言	分辨声音	父母模仿各种声音，如动物叫声等，让宝宝回答是什么声音，宝宝能准确回答 5 种以上	第＿月 第＿天	

分类	游戏	方法	第一次出现的时间	最令你难忘的记忆
语言	会用代词	经常教宝宝用"我"代替名字。拿宝宝的东西，问他"这是谁的杯子"，鼓励宝宝说"我的杯子"	第__月 第__天	
	背儿歌	宝宝能背诵整首儿歌	第__月 第__天	
情绪与社交	同伴关系	带宝宝去游乐场，鼓励宝宝和同伴交往，宝宝喜欢和小朋友一起玩	第__月 第__天	
	表达需要	会用词句来表达自己的需要，宝宝会说3种以上	第__月 第__天	
自理	解裤子	大小便时，鼓励宝宝自己拉下裤子，宝宝基本能做到	第__月 第__天	
	自己吃饭	让宝宝自己坐在餐椅上，放好宝宝的碗和勺子，宝宝能独立吃饭了	第__月 第__天	
	戴帽子、脱衣服	出门时，宝宝能自己戴帽子，能配合父母穿衣、脱衣	第__月 第__天	

2 岁宝宝身体发育参照指标

项目	男宝宝（均值）	女宝宝（均值）
体重（千克）	12.6	11.9
身长（厘米）	88.2	87.0
头围（厘米）	48.3	47.3
出牙情况	20 颗乳牙基本出齐，长满	

男女宝宝的可爱和麻烦之处

男宝宝

可爱之处　　　　　　　　麻烦之处

● **牛牛妈（宝宝：2岁3个月）**

儿子2岁的时候，我问他："打雷可怕吗？"儿子说："我是男孩，我才不怕呢！"

● **豆豆妈（宝宝：1岁10个月）**

一坐在车的驾驶席上，儿子便手持方向盘，一边"嘀嘀"地叫着，一边模仿起开车的样子，很是帅气。

● **涵涵妈（宝宝：2岁10个月）**

每次送去幼儿园时，宝宝都喜欢找他漂亮的班主任抱。嘿，这么小就有一双善于发现美的眼睛了。

● **安安妈（宝宝：1岁9个月）**

儿子最喜欢被举高，总是央求着爸爸举高。一被高高举起来，就笑个不停，开心的小脸蛋真可爱。

● **然然妈（宝宝：2岁半）**

去医院做血常规检查，针扎进去宝宝竟然能忍住不哭。抽完血，他皱着可怜兮兮的笑脸问我："我勇敢吗？"

● **哲哲妈（宝宝：1岁2个月）**

宝宝实在是太好动了，不管手上抓到什么东西，都喜欢扔来扔去，或者拿手里的东西敲敲打打，反正总要发出点儿声音。

● **小小妈（宝宝：11个月）**

宝宝睡相不好，夜里睡觉的时候，总是动来动去，一觉醒来，经常已经睡到床尾了，这是男宝宝才有的表现吗？

● **飞飞妈（宝宝：1岁4个月）**

宝宝脾气可大了，发起脾气的时候，可了不得，有时连我都降不住他，再大一点儿真不知道该怎么办了。

● **康康妈（宝宝：2岁）**

宝宝每天都要去外面玩，1岁多点儿就喜欢玩滑梯，经常摔了一跤又一跤，可还是要玩。

● **皮皮妈（宝宝：8个月）**

宝宝碰到什么都想抓，可手脚又不知轻重，有时还会碰痛自己；没有耐心，肚子一饿就大哭。

女宝宝

可爱之处

● 嘟嘟妈（宝宝：1岁6个月）

每当我化妆的时候，女儿总会跑过来，学着我的样子，描描眉、涂涂口红，非常可爱。

● 囡囡妈（宝宝：1岁9个月）

女儿像个小淑女，会一边递给我玩具餐具，一边说"请吃饭"，并做出咀嚼的样子……

● 晴晴妈（宝宝：1岁10个月）

只要我去收拾晾晒的衣物，她就会去拿晾衣架的盒子，还帮我做其他很多事。

● 果果妈（宝宝：2岁4个月）

女儿讲话的语气和做事的方式都像妈妈。她喜欢照顾她的布娃娃们，喜欢别人夸她可爱。

● 乐乐妈（宝宝：2岁4个月）

经常歪着脑袋对外公甜甜地叫"公……"，老爷子每次都被她哄得乐不可支。

● 甜甜妈（宝宝：1岁1个月）

女儿很爱整齐，每次都会把脱了的鞋子摆放整齐。不只是她自己的，连我和她爸爸的也都帮忙摆好！

麻烦之处

● 点点妈（宝宝：1岁6个月）

女儿出门的时候必须把裤子穿好，虽然很漂亮，不过每次都要花很长时间。

● 小小妈（宝宝：1岁9个月）

宝宝不喜欢穿妈妈准备好的衣服，喜欢自己挑选衣服。因此，常常会穿上下搭配不协调的衣服外出。

● 苏苏妈（宝宝：1岁4个月）

宝宝在儿童乐园玩钻隧道游戏时，刚到入口那儿就哭起来，害得其他小朋友都站在后面等候。

● 晴晴妈（宝宝：1岁11个月）

女儿超爱干净，非常讨厌手或衣服脏，手只要脏一点儿，就会闹个不停，每次费好大劲才能哄好。

● 蓉蓉妈（宝宝：1岁5个月）

一到夏季，看着女儿的一头汗水，我总是禁不住想给她理发。但想想长头发好看，所以只能忍住。

● 悦悦妈（宝宝：1岁）

女儿比较怕生，不管男女，只要是陌生人跟她说话，她就一脸紧张地盯着人家，弄得我很尴尬。

2岁~2.5岁

期望独立的小大人

完美营养

从小注重宝宝良好饮食习惯的培养

饮食习惯不仅关系到宝宝的身体健康，还关系到宝宝的行为习惯，家长应给予足够的重视。对于宝宝来讲，良好的饮食习惯包括以下内容。

- 饭前做好就餐准备。停止活动，洗净双手，安静地坐在固定的位置等候就餐。
- 吃饭时不挑食、不偏食、不暴饮暴食。饮食多样，荤素搭配，细嚼慢咽，食量适度。
- 吃饭时集中注意力，专心进餐。不边玩边吃、不边看电视边吃、不边说笑边吃。
- 爱惜食物，不剩饭。
- 饭后洗手漱口，帮助父母清理饭桌。

此外，还应培养宝宝独立进餐、喝水和控制零食的好习惯。

首先，家长本身应保持良好的饮食习惯，为宝宝树立好榜样。其次，还应为宝宝创造良好的就餐环境，准备品种多样的饭菜，按照一定的原则，及时表扬和纠正宝宝在饮食中的一些表现。经过日积月累的指导和训练，宝宝就会逐渐养成良好的饮食习惯。

让宝宝愉快地就餐

这个时期的宝宝已经进入自我意识的萌芽时期，他需要显示一下自己的本事，因此很愿意自己动动手。例如自己拿着勺吃饭，但是由于年龄小，宝宝一时掌握不了吃饭的技巧，不是推倒了饭碗就是弄掉了勺子，把身上、桌子和地上弄得一团糟，这样的情况往往会惹得性急的父母失去耐心。

不知家长是否注意到，在餐桌上，有的宝宝经常喜笑颜开，有的宝宝却总是愁眉苦脸或不停地哭闹。当他的某种要求得不到满足，他就会以哭闹不安来表达自己的想法。

一个人情绪的好坏，会直接影响这个人的中枢神经系统的功能。一般来讲，就餐时如果能让宝宝保持愉快的情绪，就可以使他的中枢神经和副交感神经处于适度兴奋状态，会促使身体分泌各种消化液，引起胃肠蠕动，为接受食物做好准备，机体就可以顺利地完成对食物的消化、吸收、利用，使得宝宝从中获得各种营养物质。如果宝宝进餐时生气、发脾气，就容易造成宝宝食欲缺乏、消化功能紊乱，而且宝宝因哭闹和发怒，失去了就餐时与父母交流的乐趣，父母为宝宝制作的美食，既没能满足宝宝的心理需求，也没有达到提供营养的目的。因此，要求家长要给宝宝创造一个良好的就餐环境，让宝宝愉快地就餐，才能提高人体对各种营养物质的利用率。如此说来，愉快地进餐是保持宝宝身心健康的前提，是十分重要的。

纠正宝宝不爱吃蔬菜的习惯

首先，家长要给予耐心的教育和引导，如在讲故事、说儿歌的时候有意识地让宝宝认识各种蔬菜，介绍吃蔬菜的好处以及蔬菜对人体的重要性，同时带头多吃蔬菜，而避免在宝宝面前议论某菜肴不好吃，或表现出厌恶的表情。但不要强迫宝宝吃蔬菜，那样反而会引起宝宝对蔬菜的反感。

其次，可变换烹调方法，将宝宝不吃的蔬菜做成馄饨、水饺、包子等让宝宝食用；坚持由少到多、每顿供给的原则，每餐都含有蔬菜，并从小量开始逐渐增加蔬菜的量和品种；注意品种的搭配，将宝宝喜欢吃的食物与蔬菜搭配在一起进行烹调。坚持这样做就会使宝宝逐渐适应和品尝出蔬菜的好味道，增加对蔬菜的兴趣，改变不吃蔬菜的习惯。

宝宝不吃蔬菜的习惯不是几天内养成的，所以要改变这一习性也不是一时半会儿的事，家长应保持一定的耐心，循序渐进，逐步纠正宝宝的这一不良习惯。

2 ~ 2.5 岁宝宝一周食谱推荐

星期一		
8：00	牛奶 150 毫升，牛肉蔬菜粥 100 克	
10：00	鲜榨果汁 100 毫升，蛋糕 20 克	
12：00	米饭 50 克，番茄鳜鱼泥 100 克，鲜白萝卜汤 1 小碗	
15：00	香蕉 1 根，酸奶 100 毫升，点心 20 克	
18：00	包子 50 克，炖排骨 100 克，香菇豆腐汤 100 克	
21：00	牛奶 150 毫升，饼干 2 块	

星期二		
8：00	牛奶 150 毫升，肉末粥 100 克	
10：00	苹果 100 克，饼干 25 克，酸奶 100 毫升	
12：00	米饭 50 克，红枣炖兔肉 100 克，虾仁丸子汤 1 小碗	
15：00	橘子 100 克，鸡蛋 1 个	
18：00	饺子 50 克，土豆烧牛肉 120 克，番茄猪肝泥汤 100 克	
21：00	牛奶 150 毫升	

星期三		
8：00	牛奶 150 毫升，菠菜鸡蛋面 100 克	
10：00	酸奶 100 毫升，饼干 25 克	
12：00	米饭 50 克，炒蛋菜 100 克，白菜豆腐汤 1 小碗	
15：00	水果沙拉 100 克，面包 30 克	
18：00	清汤面 30 克，清蒸基围虾 50 克，芹菜炒猪肝 50 克	
21：00	牛奶 150 毫升	

星期四		
8：00	牛奶 150 毫升，西蓝花牛肉炒饭 50 克，烩豌豆 50 克	
10：00	酸奶 100 克，蛋糕 20 克	
12：00	馒头 50 克，香菇菜心 100 克，鸡肉蔬菜汤 1 小碗	
15：00	橘子 100 克，点心 20 克	
18：00	米饭 50 克，蘑菇炒豌豆 100 克，粉丝豆腐牛肉汤 100 克	
21：00	牛奶 150 毫升	

星期五	8：00	牛奶 150 毫升，牛肉蔬菜粥 100 克
	10：00	香蕉 1 根，饼干 25 克
	12：00	面条 50 克，双菇芹菜 100 克，鸭血鲫鱼汤 1 小碗
	15：00	酸奶 100 毫升，水果羹 20 克
	18：00	馒头 50 克，板栗烧鸡块 100 克，虾皮碎菜蛋羹 100 克
	21：00	牛奶 150 毫升

星期六	8：00	牛奶 150 毫升，双菇蒸蛋 100 克，饺子 25 克
	10：00	酸奶 100 毫升，面包 30 克
	12：00	米饭 50 克，胡萝卜牛肉丁 100 克，紫菜汤 1 小碗
	15：00	水果酸奶沙拉 120 克
	18：00	鸡蛋卷 50 克，番茄鳜鱼泥 100 克，氽丸子 100 克
	21：00	牛奶 150 毫升

星期日	8：00	牛奶 150 毫升，番茄麦片粥 100 克，清蒸肝泥 50 克
	10：00	苹果 1 个，酸奶 100 毫升
	12：00	芝麻南瓜饼 50 克，土豆炖牛肉 100 克，菠菜猪肝汤 1 小碗
	15：00	橘子 100 克，饼干 25 克
	18：00	海苔卷 50 克，莲藕炒鸡丁 100 克，蛋花豆腐汤 100 克
	21：00	牛奶 150 毫升

悉心教养

呵护好宝宝的脚

同成年人相比，小宝宝的脚更爱出汗。因为在儿童相对少得多的皮肤面积上，却分布着与成年人同样多的汗腺。潮湿的环境利于真菌生存，为了消灭脚部真菌，宝宝们的脚需要进行很好的护理：定期洗脚，每天至少1次，之后让脚彻底晾干；在运动和远足等活动之后用温水洗脚；每天清晨或洗脚之后，换上清洁的袜子，而且最好穿棉袜；经常更换鞋子，以便让潮湿的鞋垫和内衬能够充分干燥。

满2岁的宝宝不宜再用尿不湿

尿不湿给家长省去了不少的麻烦，但长期使用尿不湿，可能使宝宝失去早期训练自我控制能力的机会，影响宝宝的身心发育。宝宝出生2个月时就会用哭声表示"想要尿尿"的意思，再大一点儿，他们会用动作来提醒大人。如果宝宝的信号没有得到回应，久而久之，这种反应就会消失，导致宝宝只要有便意，就随时"方便"。因此，满2岁的宝宝不要再用尿不湿。不然就会省去小麻烦，带来大麻烦。

脚是人体的"第二心脏"，所以父母要给宝宝穿上袜子，注意保暖。

宝宝外出应做好的准备

毯子

宝宝经常会在外面睡着，及时用毯子盖好可避免着凉。

被单

用来遮阳、挡风。

宝宝包

包内备有纸巾、湿纸巾、纸尿裤、奶粉、奶瓶、水瓶、热水壶、一套换洗衣服（出门1小时以上）等。

遮阳帽

避免宝宝眼睛受阳光直射。

宝宝车或宝宝背带

0～3个月的宝宝应使用横在胸前的背包或背带。如带宝宝乘坐汽车，最好准备宝宝汽车座椅，并根据说明书将宝宝汽车座椅牢固地安装在汽车后排座位上。

带宝宝郊游应注意的问题

年轻的父母们可能会经常带宝宝到野外去郊游、度假，由于宝宝小，进行这些活动时有以下问题需要家长注意。

1 带一本急救手册和一些急救用品，包括治疗虫咬、晒伤、发烧、腹泻、割伤、摔伤等的药物，并准备一把拔刺用的镊子，以防万一。

2 即便在营地能买到所需的食物和饮料，也要准备好充足的食物和饮水，以求万无一失。

3 准备好换洗的衣服和就餐用具，并将它们用不同的塑料桶装好，这些塑料桶还可以用来洗碗、洗衣服。

4 无论气象预告如何，一定要带上雨具、靴子、外套，以备不测。

5 给宝宝准备一个盒子，里面放一些有关鸟类、岩石及植物的书供他参考，并放入许多塑料袋、空罐子、空盒子给他装采来的标本。

节假日后宝宝患病多，预防关键在父母

节假日如果家长带宝宝到拥挤的娱乐场所玩，或不注意宝宝饮食卫生，再加上劳累，容易导致宝宝患病。那么，节日后宝宝的多发病有哪些呢？

首先是呼吸道疾病。发病的主要原因是节日期间带宝宝到拥挤的娱乐场所，那里人多，空气不流通、浑浊，如果再遇到疾病流行季节，很容易交叉感染，如气管炎、肺炎、百日咳等。还有，如果宝宝在公园或游乐场疯跑后全身大汗淋漓，脱去衣服后就容易受凉而伤风、感冒。

其次是胃肠道疾病。发病的主要原因是在节假日，父母为了让宝宝高兴，给宝宝吃大量的零食，导致宝宝无法消化。或宝宝想吃什么就买来给他吃，不考虑饮食卫生，食用了有污染的食物或使用了有污染的餐具，最终导致宝宝消化不良，甚至患上胃肠炎、细菌性痢疾、肝炎等疾病。

因此，在节假日里，家长切记注意饮食卫生，给宝宝讲"病从口入"的道理，让宝宝养成吃东西前用肥皂、流动水洗手的好习惯。不要带宝宝到拥挤的公共娱乐场所去玩，尤其是在疾病流行季节，更不宜带宝宝外出。另外，在节假日的晚上，应注意让宝宝及早休息，保证睡眠充足，以消除疲劳，减少疾病。

服驱虫药时应注意饮食调理

1 以前服驱虫药要忌口，而目前的驱虫药不用严格忌口，在医生指导下驱虫后，可给宝宝吃些富有营养的食物，如鸡蛋、豆制品、鱼、新鲜蔬菜。

2 驱虫药对胃肠道有一定的影响，所以宝宝的饮食要特别注意定时、定量，不要过饱、过饥，过量的营养反而会使胃肠道功能紊乱。

3 服驱虫药后要给宝宝多喝水，同时多吃含膳食纤维的食物，如坚果、芹菜、韭菜、香蕉、草莓等。水和植物纤维能加强肠道蠕动，促进排便，及时将被药物麻痹的肠虫排出体外。

4 要少给宝宝吃易产气的食物，如萝卜、红薯、豆类，以防腹胀，也要少给宝宝吃辛辣和热性的食品，如茶、咖啡、辣椒、狗肉、羊肉等，因为这些食物会引起便秘而影响驱虫效果。

5 钩虫病及严重的蛔虫病多伴有贫血，在驱虫后应让宝宝多吃些红枣、瘦肉、动物肝脏、鸡鸭血等补血食品。

6 夏季宝宝进食生冷蔬菜和水果较多，感染蛔虫卵的概率大，到了秋

季，幼虫长为成虫，都集中在小肠内，此时服驱虫药，可收到事半功倍的效果。

服驱虫药后多吃酸味食物

常听一些家长说，宝宝打虫药也服过了，但不见蛔虫打出。其实蛔虫有"得酸则伏"的特性，因此宝宝服用驱虫药后，如果能吃一点儿具有酸味的食物，如乌梅、山楂、食醋等，更有利于蛔虫的排出。

春季宝宝患水痘怎么办

立春前后是水痘的流行期

立春前后是水痘的流行期，因为此病具有高度的传染性，凡是接触过水痘患者的儿童，约 90% 会被传染上。带状疱疹病毒是引起水痘的"罪魁祸首"，通常通过飞沫传播，也可以由病毒污染的灰尘、衣服和用具传染。

水痘的症状和表现

水痘好发于 2～10 岁的宝宝，一般在接触水痘患者后 14～17 天开始出现症状。初有发热、头痛、咽喉疼痛、恶心、呕吐、腹痛等症状，1～2 天后首先在躯干出现红色的小丘疹，随即形成绿豆大小的、发亮的小水疱，水疱的周围有红晕。经过数天，水疱干瘪形成痂，约 2 周后，痂脱落而痊愈。如无继发感染，仅在皮疹处留下暂时性色素沉着斑，无瘢痕形成。水痘皮疹多而广泛，有可能继发细菌感染，此时细菌乘虚而入，容易引起败血症、肺炎、脑炎和暴发性紫癜等疾病，需及时救治。

水痘宝宝的护理

因为水痘传染性很强，患病宝宝必须在早期进行隔离，直到全部皮疹结痂为止。

宝宝的玩具、家具、地面、床架可用3%来苏尔溶液擦洗，被褥、衣服等在阳光下暴晒6～8小时。

应让患水痘的宝宝卧床休息，室内通风，保持新鲜的空气，但不要过分保暖，因为过厚的衣服易引起疹子发痒。

初发的水痘很痒，易引起宝宝抓搔，损伤皮肤，所以要剪短宝宝的指甲，勤给宝宝换衣服，保持皮肤清洁。

宝宝的饮食宜用清淡的流质或半流质食物，如豆浆、牛奶、蛋汤、菜粥、挂面、水果等。忌食刺激性食物及油煎食品，可以多喝水或新鲜果汁以帮助排泄毒素。

宝宝嗓子有痰，父母不可大意

痰产生于咽部、气管、支气管和肺部，一般与上呼吸道感染炎症有直接关系。感冒、上呼吸道感染时多出现色白而清稀的痰；痰黄或白而黏稠者，多为气管炎、肺炎；痰浓稠、咳嗽不畅而有回声者，多为百日咳；痰带脓血，多考虑肺脓肿等。因此，宝宝有痰，要及时请儿科大夫诊治。

夏季要重视预防脓疱疮

夏季宝宝很容易患脓疱疮。这是因为夏季气候炎热潮湿，皮肤多汗，细菌容易繁殖；皮肤经汗液浸渍之后容易受伤，给细菌侵入打开了入口；儿童的皮肤薄，皮脂腺发育不成熟，皮肤表面缺乏脂质膜保护，所以对细菌的抵抗力差；儿童夏季易发痱子、湿疹等皮肤病，容易继发脓疱疮，所以在平时应做好饮食方面的调控和皮肤的护理。

合理培养宝宝的兴趣爱好

现在越来越多的家长开始重视对自己宝宝素质的培养，不惜耗费钱财和精力，让他学音乐、练书法等。家长们的这种重视宝宝早期特殊才能培养的愿望和行动，应当予以肯定，但不根据宝宝的兴趣爱好和接受能力，而只凭家长的主观想法进行引导培养的行为是不正确的。

如何培养、引导宝宝的兴趣爱好？首先要善于识别宝宝的兴趣爱好。宝宝最初的兴趣爱好往往是寻常的、不引人注目的举动，甚至是淘气、顽皮的行为。这就要求家长平时要深入细致地观察宝宝的日常活动，并从以下几个方面加以确定。

主动性	伴有愉快的情感	坚持性
在没有其他人要求、督促的情况下，宝宝经常主动地从事某一方面的活动，具有自发、积极和主动的特点。	宝宝经常带着愉快的心情从事自己感兴趣的活动，乐此不疲。	宝宝能较长时间集中注意观察或从事自己所喜欢的活动。

看到宝宝经常主动、愉快并较长时间地从事某一活动，家长就可以确定宝宝对该方面有较浓厚的兴趣。发现宝宝的某种兴趣后，就要加以精心培养。在培养宝宝兴趣爱好的过程中，家长不必操之过急，要遵循规律，循序渐进，适当安排。例如，宝宝对数学很感兴趣，应首先了解宝宝目前的心理发展和知识水平，确定宝宝学些什么，如果学习内容太难，远远超出宝宝的接受能力，就会挫伤其学习的积极性；如果学习内容太容易，无须努力就能学会，就激发不起宝宝的求知欲，不能引起他的学习兴趣，也不利于宝宝智力的发展。

快乐益智

左脑开发方案

　　家庭训练是一种生活中的随机教育。换句话说，家庭训练中的一招一式，要时时注意宝宝适应社会生活的需要，培养他们独立生活的本领。这种训练说起来简单，实际上却常被父母有意无意地忽略了，或在训练时出现偏差。因此，父母要将宝宝成长的阶段性与宝宝的发展相结合。

点数到5	数学能力	逻辑能力	理解能力

❀ 益智目标

　　让宝宝懂得简单的数量关系。

❀ 亲子互动

❶ 父母准备1个苹果、2个橘子、3个鳄梨、4个鸭梨、5个草莓放在桌子上。

❷ 父母可以用手指着鸭梨，让宝宝说出有几个鸭梨，宝宝通过实物认识数字1、2、3、4、5，可以使数字和实物建立有意义的联系。

认识早和晚

认知
能力

观察
能力

语言
表达

❀ 益智目标

帮助宝宝初步建立时间概念。

❀ 亲子互动

❶ 父母要准备"早上""晚上"两张
卡片，早上活动：起床、洗漱、晨
练；晚上活动：看电视、睡觉。

❷ 父母出示起床、洗漱、晨练的图
片，请宝宝观察，问他："这是什
么时候？"

❸ 父母出示全家人看电视、哄宝宝睡
觉的图片，请宝宝认真观察，问
他："这是什么时候？"

❹ 最后，父母手拿图片问："宝宝，
天亮了，要起床了，是什么时
候？"让宝宝回答："早上。"

❺ 父母继续提问："月亮出来了，父
母要哄宝宝睡觉了，是什么时候
呢？"请宝宝回答："晚上。"

太阳公公出来了，天亮了，新的一天开始了。

月亮姑姑出来了，美丽的晚上开始了。

温馨提示

父母还可以在相应的时间段中，利用文字或图片，
帮助宝宝记录家人的行为。

右脑开发方案

进行益智类的训练有助于宝宝的手眼和身体动作的协调，可发展宝宝的动作准确性和反应能力，以促进各种感知觉的发展。宝宝在训练的过程中获得了对物体的形状、颜色和大小的知觉，领悟到一个物体的形状与另一物体的联系，如球和苹果。益智类玩具则能给宝宝提供创造性经验，促进其对概念的掌握。

向墙壁投球

大动作能力　　交往能力

❖ 益智目标

这个游戏能训练宝宝手臂的力量和敏捷性，增进爸爸和宝宝间的亲子感情。

❖ 亲子互动

❶ 爸爸首先给宝宝做出示范。

❷ 让宝宝使出全身力气往墙壁投出一个球。

❸ 让宝宝跑去接反弹回来的球。

❹ 虽然刚开始球会四处弹跳，但是经过多次练习后，宝宝就能够控制球弹回来的方向了。

温馨提示

不要让宝宝的手臂使用过度，要安排适当的游戏时间。这个年龄段的男宝宝希望展现自己的男子气概，越是常和爸爸玩的宝宝越是如此，应该适时地让宝宝爆发他的力量。

涂鸦绘画

✿ 益智目标

宝宝能用音乐和涂鸦来表达自己的意愿和想法。艺术是宝宝智力飞翔的天堂，父母要大力培养。

✿ 亲子互动

① 为宝宝准备好纸、蜡笔、胶水、碎布料、报纸、鸡蛋盒、纸盒、管子、塑料餐盒、细绳等。父母要让宝宝有机会聊他的作品，说出感受，可以这样启发宝宝："跟妈妈说说你的画吧，为什么要画小白兔呢？"

② 在欣赏宝宝的作品时，要用些特别的、描述性的语言来赞美，比如具体地说说宝宝使用过的颜色和画画的方法等。

③ 在画画时，如果宝宝看起来好像被难住了，这时父母可以用提问的方式来提示他，如宝宝想画只小狗，妈妈可以说："想一想，小狗有几条腿啊？"

温馨提示

当父母把宝宝的艺术作品贴在冰箱或墙上，让每个人都看到时，宝宝会知道父母很欣赏他的创作能力。这是增强宝宝自信心的一个好方法。

育儿微课堂

为什么2岁多的宝宝牙齿黄还有牙垢？

A 2岁多的宝宝牙齿黄且有牙垢是不正常的，应该看牙科医生，看是否有牙铀或牙齿病变，及早确诊。另外，一些四环素类的药物等也有可能导致幼儿牙齿变黄。

宝宝2岁3个月，睡觉总要含着空奶瓶，这怎么办？

A 宝宝断奶后，是否一直都在吃奶瓶，而且总是喝着奶就睡着了？如果是这样，含奶瓶睡觉就是逐渐养成的习惯。习惯既然已经养成，就不是一天能纠正的，妈妈要有足够的耐心，不能采取强制措施，那样容易伤害宝宝的自尊心。要相信，宝宝不会一直含奶瓶的。

宝宝2岁4个月了，爱吃巧克力，能不能天天吃？

A 巧克力热量较高，如果宝宝吃多了，会影响宝宝对其他食物的摄取，导致食物单调，营养不均衡。每周吃一两块巧克力，换一下口味是可以的，但最好不要每天都吃，更不能吃得很多。

宝宝晒伤了怎么办？

A 为宝宝清洗身上的汗水，清除盐分和灰尘；用干净、湿润的软棉毛巾在晒伤处轻轻拍打；用凉毛巾冷敷半小时；让宝宝多喝水和鲜果汁；晒伤痊愈前不要再直接暴露在阳光下。

Q 宝宝2岁3个月，最近几天经常说耳朵里在响，不知道是什么原因，严重吗？

A 耳朵里有响声，同时又不疼，很可能是耳石导致的。若是耳石，可先滴软化耳石的滴耳液3～5天，然后到医院取出已软化的耳石，否则取耳石过程会非常疼痛。一般耳石与耳道正常分泌物有关，如果以前有过耳部感染，也容易出现耳石。取出的耳石若为深褐色，则是脓血性分泌物的干痂，说明宝宝曾经患过中耳炎。

Q 宝宝刚出生时头发很黑很柔，现在头发又稀又黄，这是缺钙吗？

A 宝宝刚出生时的发质与母亲孕期的营养状况和遗传有关，父母的发质都很好，宝宝的发质应该也是不错的。这种遗传，在宝宝幼时还不是特别明显，随着宝宝长大，就会越来越像父母了。

Q 宝宝2岁半了，不爱说话，也不愿跟大人说话，但大人的要求能理解，也能发一些单音，有什么方法改善？

A 2岁半是幼儿学习语言的最佳时期，口语是学习语言的基础。学习口语的方式很多，可用实物练习，也可通过画报、看图说话等进行口语训练。另外，可以带宝宝多接触外界，多跟小朋友沟通，在玩耍中教宝宝学习说话。父母要多和宝宝交谈，给宝宝说话的机会，让宝宝在反复的练习中提高语言能力。宝宝的语言发育是个复杂的过程，不要在宝宝面前表现出急躁情绪，否则会伤害宝宝的自尊心，对宝宝的语言能力提升不利。

本章小结

记录宝宝的成长点滴

分类	游戏	方法	第一次出现的时间	最令你难忘的记忆
认知	认性别	结合家庭成员让宝宝认识性别，如"妈妈是女的，你也是女的"，然后问宝宝"你是男孩还是女孩"	第__月 第__天	
	相反概念	结合日常生活提问题，引出"大小""多少"等相反概念	第__月 第__天	
	认颜色	提供几种不同颜色的物品，让宝宝按指令拿出对应颜色的物品	第__月 第__天	
	认几何图形	拿出各种几何图形放在桌上，让宝宝按指令挑出相应的图形	第__月 第__天	
动作	跳远	给宝宝示范双脚立定跳远，鼓励宝宝跳	第__月 第__天	
	跑步能停	父母对宝宝喊"开始跑，一、二、三，停"，宝宝能按指令完成	第__月 第__天	
	拼图	先示范，然后将拼图打乱，鼓励宝宝自己拼	第__月 第__天	
	夹枣	示范用筷子夹红枣到盘子里，然后鼓励宝宝自己夹	第__月 第__天	
	捏面塑	先示范将面团捏成盘子、碗、苹果等的形状，让宝宝模仿	第__月 第__天	
语言	回答故事中的问题	给宝宝讲一个他熟悉的故事，如《拔萝卜》，然后问宝宝拔的是什么	第__月 第__天	
	说整句	让宝宝说出包括主、谓、宾语的完整句子，如"我要去动物园"等	第__月 第__天	

分类	游戏	方法	第一次出现的时间	最令你难忘的记忆
情绪与社交	表示喜怒	在适当的场合，观察宝宝的情绪	第__月 第__天	
	学会等待	观察宝宝在适当场合的表现，如排队买东西或排队玩碰碰车时	第__月 第__天	
自理	做家务	分配宝宝一些力所能及的家务，如擦桌子、收拾玩具、放好拖鞋等	第__月 第__天	
	穿鞋袜	鼓励宝宝自己穿鞋袜	第__月 第__天	
	戴帽子、脱衣服	出门时，让宝宝自己戴帽子，父母配合穿衣、脱衣	第__月 第__天	

2.5 岁宝宝身体发育参照指标

项目	男宝宝（均值）	女宝宝（均值）
体重（千克）	13.7	13.0
身长（厘米）	93.2	91.9
头围（厘米）	48.9	47.9

Part
10

2.5~3 岁
在游戏中快乐成长

完美营养

健脾和胃的饮食方

胃是消化系统的主要脏器，胃功能强的宝宝身体抵抗力强，不易生病。脾胃虚弱的宝宝特别容易感冒，还表现为面色萎黄、眼袋青暗、鼻梁有"青筋"、身体瘦小、食欲减退、睡眠不安、常有腹泻。

健脾和胃的食物

有健脾和胃作用的食物有大米、小米、薏米、玉米、黄豆、赤豆、莴笋、冬瓜、胡萝卜、山药、南瓜、番茄、芋头、香菇、苹果、芒果、香蕉等。

这样补更有效

将菠菜、卷心菜、青菜、荠菜等切碎，放入米粥内同煮，做成各种美味的菜粥给宝宝吃，可以促进宝宝肠胃蠕动，加强消化，并且不会给宝宝的肠胃带来负担。

夏季不要让宝宝吃过多冰冷食物，以避免增加脾胃负担。

看看宝宝辅食的保存期限

未处理的材料

最佳保存时间：萝卜和胡萝卜1~2周，茄子和油菜3天，黄瓜3~5天，卷心菜7~10天，番茄4天，南瓜5天，黄豆芽3天，西蓝花4~5天。

做好的辅食

最佳保存时间：冷冻保存5天。

未处理的肉类

最佳保存时间：冷藏牛肉1天；冷冻室不超过10天。

处理后的海鲜

最佳保存时间：当天吃完，不能隔夜。

肉汤

最佳保存时间：当天吃完，不能隔夜。

未处理的贝壳类

最佳保存时间：冷藏3~4天，冷冻保存1个月。

常温保存的食材的有效期

* 香蕉在12℃以下会发黑腐烂，因此不要冷藏保存。在常温下可放置3~4天。
* 猕猴桃比较坚硬，可在15℃~20℃的常温下放置2天左右，成熟后再吃。
* 哈密瓜常温保存能增加甜味，不需要冷藏，在常温下放置2天左右再吃。
* 土豆在太阳光下容易变绿，因此应放入黑袋子或用纸包裹后放在阴凉通风的地方保存，可以保存7~10天。

宝宝上火如何调理

1 新生宝宝最好吃母乳，因为母乳营养丰富，又不会导致宝宝上火。

2 6个月以上的宝宝应该多喝水，适当摄入富含膳食纤维的食物，还可以适当多吃一些清火利尿的食物；母乳不足的宝宝可以添加配方奶、谷物等。

3 银耳、杏仁、蜂蜜等不仅含有蛋白质及脂质，还有软便润肠的作用，可将银耳煮软剁碎，做成甜羹给宝宝食用；也可将杏仁磨碎后加点儿燕麦、葡萄干，用水冲泡给孩子当饮料喝；或将蜂蜜涂在水果上给宝宝食用。

4 控制宝宝的零食，尽量让宝宝少吃油腻、辛辣等容易上火的食物，给宝宝的食物避免使用油炸、烧烤等烹调方式。

警惕那些含糖量高的食物

世界保健协会将糖分的适当摄取量规定为不超过全天碳水化合物总摄入量的10%，按此要求，不满 12 个月的宝宝，一天摄入不能超过 18.8 克糖分，12 ~ 36 个月的宝宝，一天不能摄入超过 30 克的糖分。

但实际上，1/2 杯的冰激凌里就含有 14 克糖分，1 大勺番茄汁里含 4 克糖分，一个巧克力里含有 10 克的糖分，因此很容易超量。

宝宝协调性差怎么调理

宝宝协调性差，特别是先天性的协调性差，往往会让父母十分担心。其实，协调性差有很多原因，如肌肉组织无力、体重过重、情绪问题等。此外，还有一个经常被人们忽略的原因，那就是宝宝的饮食中可能缺乏叶酸。

建议增加的食物

深绿色带叶蔬菜，蛋黄、胡萝卜、杏仁、哈密瓜、全麦或黑麦面粉等。

宝宝爱撒谎，饮食来调理

宝宝经常撒谎吗

宝宝会说话后，可能偶尔会跟父母撒点儿小谎，这是无伤大雅的。但如果宝宝习惯性撒谎，就要引起警惕。许多宝宝会因没有安全感而撒谎、因心理混乱而撒谎，甚至会无意识地撒谎。

建议增加的食物

麦麸、卷心菜、牛奶、鸡蛋、烤熟的花生、禽类的白肉、鳄梨及大枣等。

建议减少的食物

高糖、含精炼淀粉的食物，热量高、营养少的垃圾食品。

建议服用的营养素

B 族维生素和儿童复合矿物质补充剂。

冬季是体虚宝宝进补的好时节

冬天，按照我国传统习惯，是进补的季节。对于体虚宝宝，冬季用中药调补确实可以起到增强体质的作用，但若调补不当，却会适得其反。

俗话说"药补不如食补"。由于冬季寒冷，可给宝宝适当地补充高蛋白、高脂肪的食物，如鸡、鸭等肉类食物，蛋及奶制品。红枣、莲肉、山药、龙眼肉、木耳、香菇、豆制品、米仁、核桃肉等都是冬季较佳的营养品。也不要忘记多给宝宝吃一些含有维生素、矿物质和微量元素较多的新鲜蔬菜和水果，这些元素是儿童生长发育不可缺少的物质。

体虚调补需要注意什么

当宝宝感冒后，容易出现食欲减退、口有异味、大便秘结、舌苔厚腻等情况，这说明宝宝体内湿热较重，此时决不能给予滋补药，应先用清热利湿药，如藿香、佩兰、厚朴、黄芩等，待湿热退后再正常给食物。

对原本就脾胃虚弱、消化功能差、食欲缺乏的宝宝，先要用"开路药"，如山楂、麦芽、陈皮、苍术等，待其食欲有所改善后再正常吃饭。

重视宝宝的用餐教养

这个时期的宝宝咀嚼能力也增强了许多，所吃食物与成人已相差无几了，而且其独立生活的能力不断提高，大多数已能够熟练地使用小勺独自吃饭。此时应注意培养宝宝良好的就餐习惯，让宝宝学习一些餐桌上的规矩。

让宝宝与大人同桌吃饭

这样宝宝就能充分地体验饮食文化，学习和模仿大人文明礼貌的进餐行为，模仿大人进餐的动作，从而学习和继承大人进餐的好习惯，并进一步学习使用餐具。同时，宝宝和大人一起就餐，可增进宝宝的食欲。

不要专为宝宝开小灶

家人一同进餐时，最好不要专门为宝宝开小灶，也不要由着宝宝任意在盘中挑着拣着吃，要让宝宝懂得关心他人、尊重长辈。宝宝的饭菜要少盛，吃多少给多少，随吃随加，从而避免剩饭，造成浪费，这会使宝宝珍惜饭菜，进一步刺激他的食欲。如果宝宝饭碗里总是堆得满满的，不但让宝宝发愁，影响到食欲，而且会使宝宝感到饭菜有的是，不懂得去珍惜和节约。

使用公用餐具

在家人同时进餐时，父母往往用自己的筷子给宝宝夹菜或喂宝宝，这样很容易将自己口中的致病细菌带给宝宝，使宝宝得病。因此，为了宝宝的健康，最好在餐桌上使用公用餐具。

忌在吃饭时训斥宝宝

有些做父母的，得知自己的宝宝与其他的宝宝吵闹、打架惹祸，或是把家里搞得一团糟后，往往喜欢在吃饭时训斥或骂宝宝，弄得宝宝总是愁眉苦脸、抽泣或者号哭，殊不知这样做对宝宝害处非常大！

宝宝边哭边吃，饭粒、碎屑和水很容易在抽泣时跑到气管里。

宝宝本来食欲旺盛，突然受到大人责备，强烈的外界刺激可能使他的食欲消失，唾液分泌骤减，甚至停止。这时宝宝吃的饭不能与唾液充分混合，食团不润滑，尤其是吃坚硬粗糙的食品时，食物很容易划破食道，甚至破坏胃肠壁黏膜层，引起炎症。

食物吃进口内，须经消化液分解成极细微颗粒，才能被肠壁吸收，由于大脑神经的指挥，每当就餐前，消化腺就开始分泌消化液，如果这时候突然受到大人的训斥，那么本来已出现的强烈食欲和建立起来的兴奋会受到抑制，消化液分泌大减，引起消化不良。长此下去，形成条件反射，宝宝一上饭桌就准备挨骂，对宝宝的身心健康极为不利。

所以，这里奉劝父母们不要把餐桌当做教育宝宝的场所，要让宝宝轻松舒畅地吃饭。

2.5 ~ 3 岁宝宝营养食谱推荐

牛肝拌番茄

材料 牛肝 50 克，番茄 20 克。

做法

1. 将牛肝外层薄膜剥掉之后用凉水将血水泡出，煮烂后切碎。
2. 番茄用水焯一下，随即取出，去皮、籽后切碎。
3. 将切碎的牛肝和番茄拌匀即可。

鲜白萝卜汤

材料 白萝卜 200 克，姜片、盐各适量。

做法

1. 白萝卜洗净，切小片，同姜片一起放入锅中。
2. 锅中加适量水，大火煮至白萝卜片熟，加适量盐调味即可。

悉心教养

宝宝说脏话来源于模仿

宝宝往往没有分辨是非善恶美丑的能力，还不能理解脏话的意义，如果在他所处的环境中出现了脏话，无论是家人还是外人说的，都可能成为宝宝模仿的对象，宝宝会像学习其他本领一样学着说并在家中"展示"。如果父母这时不加以干预，反而默许，甚至觉得很有意思而纵容，就会强化宝宝的模仿行为。

宝宝说脏话的几种对策

冷处理

当宝宝口出脏话时，父母无须过度反应。过度反应对尚不能了解脏话意义的宝宝来说，只会刺激他重复说脏话的行为，他会认为说脏话可以引起父母的注意。所以，冷静应对才是最重要的处理原则。不妨问问宝宝是否懂得这些脏话的意义，他真正想表达的是什么，也可以既不骂他，也不和他说道理，假装没听见。慢慢地，宝宝觉得没趣，自然就不说了。

温馨提示

应让宝宝多对其他小朋友表示好感，你可以问宝宝："你是喜欢别人表扬你呢，还是喜欢别人批评你？"让宝宝了解，适时地向别人示好胜过批评、嘲笑别人。

解释说明

解释说明是为宝宝传达正面信息、澄清负面影响的好方法。在和宝宝的讨论过程中，应尽量让他理解，粗俗不雅的语言为何不被大家接受，脏话传递了什么意义。

正面引导

父母要细心引导宝宝，建议他换个说法试试。随时提醒宝宝，告诉他要克制自己，不说脏话，做个有礼貌的乖宝宝。

适当规劝和惩罚

规劝

案例：宝宝与同伴吵架、抢夺玩具……

方式：放下手边的事情，走到宝宝身旁，让宝宝知道你正在注意他；询问宝宝争执、吵架的原因，听完宝宝的想法，告诉宝宝打人、抢夺玩具是不正确的行为和观念，并要求宝宝学习说"请""谢谢""对不起"。

建议：不要用很大的声音去压制宝宝，言语间避免伤害宝宝的自尊心。

没收宝宝心爱的东西

案例：宝宝吵闹不休、乱丢东西、不收拾玩具……

方式：放下手边的工作，走到宝宝身旁，让宝宝知道你正在注意他；告诉宝宝他必须将乱丢的物品收好，停止吵闹，否则他将受到处罚。

建议：让宝宝说出为什么犯错，并且说明家长生气的理由。

呵护好宝宝的嗓音

不要让宝宝长时间哭喊

要做到早期保护嗓音，就要正确对待宝宝的哭。哭是宝宝的一种运动，也是一种情感需要的表达方式，所以不能不让宝宝哭，但也不能让宝宝长时间地哭，长时间地哭或喊叫会使声带的边缘变粗、变厚，导致嗓音沙哑。

不要让宝宝长时间讲话

宝宝每次讲话后都要休息一段时间，喝口水。在背景声音嘈杂的环境中应尽量让宝宝少讲话，以免宝宝大声喊叫。

宝宝长时间说话后，不宜立即吃冷饮或喝冷开水，以免宝宝的声带黏膜遭受局部性刺激而导致沙哑。

宝宝"左撇子"不必强行纠正

人的大脑分为左、右两个半球，交叉管理着肢体运动功能，并分工协作管理着视、听、说等功能。而管理人体各种功能的大脑部位并不是平均分布的，而是其中一个半球管理着人体绝大部分的功能，称为优势半球，绝大多数人优势半球位于左侧，所以习惯于用右手。少数人右脑为优势半球，因此习惯于用左手。这都是大脑的生理特点所决定的，"左撇子"只是一种生理表现。

如果强行改变宝宝惯于使用左手的习惯，就等于让外行来做内行的事，左手原来可以很顺利完成的简单动作，由于改换右手，就成了难以完成的复杂动作。

研究发现，大脑优势半球一旦受到干扰，就可能造成功能紊乱。很多"左撇子"经家长强行纠正改用右手的宝宝患了口吃，并在语言、阅读、书写等方面出现问题。因此，不应强行纠正宝宝"左撇子"。

训练宝宝主动控制排尿、排便

宝宝养成定时坐便盆大小便的习惯后，省去了父母的许多麻烦。但是，还应该注意训练宝宝主动控制排尿、排便。

这个年龄段的宝宝，由于自主活动能力增强，对大小便的控制能力也有所提高，父母可以开始有意识地训练宝宝主动控制排尿、排便。但是，长时间憋尿、憋便均不利于宝宝的身体健康，不但影响宝宝主动控制排便的能力，也容易造成便秘。应训练宝宝不憋尿、憋便，养成定时排便的习惯。

倘若宝宝一夜不小便，起床后应先让他小便，以免宝宝憋尿的时间过长，不利于膀胱和肾脏的健康。但也不要频繁地让宝宝排尿，强行要宝宝大小便，容易使宝宝产生逆反心理，不利于排便的训练。

在训练宝宝大小便时，还要注意规范宝宝的排便行为，如不要随地大小便、不要在大庭广众之下解开裤子大小便等。如发现这种情况，父母应耐心说服宝宝在厕所大小便。通过大小便训练，可使宝宝对肛门、尿道刺激、皮肤接触的需求正常发展，养成良好的卫生习惯，有利于宝宝的身心健康。

夏天宝宝洗澡的次数不宜过多

夏天宝宝每天洗澡的次数不要超过 3 次。宝宝新陈代谢旺盛，特别是在夏天容易出汗，应经常给宝宝洗澡，以保持皮肤清洁。每天可洗 1~2 次澡，但不得超过 3 次。

同时，父母要注意，不宜使用碱性强的肥皂，因为人体皮肤表面的皮脂酸有保护作用，而过多地洗澡或使用碱性强的肥皂均对皮肤有损害。

夏季再热也不能让宝宝"裸睡"

宝宝的胃肠平滑肌对温度变化较为敏感，低于体温的冷刺激可使其收缩，导致痉挛。肚脐周围的腹壁是整个腹部的薄弱之处，更容易因受凉而牵连小肠，引起以肚脐周围为主的阵发性疼痛，并发生腹泻。

因此，无论天气再炎热，父母也要注意宝宝的腹部保暖，给宝宝盖一层较薄的衣被，并及时将宝宝踢掉的毛巾被盖好。

夏季谨防细菌性食物中毒

细菌性食物中毒是人们吃了含细菌或细菌毒素的食品而引起的。到了夏季，天气炎热，食物容易变质，若吃得不卫生，很容易中毒。杜绝中毒，重在预防。

注意食品卫生，夏季食品最好放在冷藏冰箱内，一般熟食冷藏不超过 24 小时。肉类烹调前不要切得过大，以免炒不熟。剩菜剩饭和在外购买的熟食品要回锅蒸煮后方可食用，发馊、发酸的食品绝不能食用。

处理食品和煮食使用的刀具、器皿、抹布、砧板是容易滋生细菌的场所，要保持清洁，并应准备两套不同的刀具和砧板，生熟食品处理要分开，以免交叉污染。

消灭蚊蝇、蟑螂、老鼠等传染病的传播媒介。

宝宝泌尿道感染如何护理

为什么宝宝容易发生泌尿道感染

宝宝许多器官发育得不是很完善，免疫功能差，抗病能力也差，皮肤又很薄嫩，细菌容易入侵。宝宝的输尿管细而长，管壁纤维发育差，容易扩张而发生尿潴留及感染。小女孩尿道短，更容易发生泌尿道感染。还有，宝宝坐地较多，且常穿开裆裤，易感染细菌及螨虫等。看管好宝宝，不让宝宝坐地、不让宝宝穿开裆裤、每日换洗内裤等对减少泌尿系统疾病有一定帮助。

发生泌尿道感染时的症状

宝宝年龄不同，发生泌尿道感染时的症状也不一样，没有成人那么典型的表现。大一些的宝宝尿路感染时有发热、畏寒、腰痛、腹痛、肾叩击痛等。如为下尿路感染，则以尿频、尿急、尿痛、尿烧灼感为主，有时见血尿。1~3岁宝宝以全身症状为主，有发热、食欲差、呕吐、腹痛、腹泻、尿时哭吵、遗尿等症状。新生儿更不典型，表现为体重不增、腹泻，有1/3的宝宝会烦躁、嗜睡、昏迷、抽搐等，化验小便尿蛋白在 + ~ ++ 之间。

如何调养

宝宝尿路感染急性期注意休息，多饮水、多排尿可以排除尿道炎性分泌物。搞好个人卫生，不穿开裆裤，不坐地上，勤换内裤及纸尿裤。擦洗女宝宝臀部及外阴部应从前向后擦，以免脏水流入阴道，引起感染。抗生素治疗一般为14~21天，不能症状刚好转就停药，这样最容易引起疾病复发。

多饮多尿追根溯源

常见原因

多饮多尿常见的原因有两种：一是精神性多饮多尿，二是尿崩症。精神性多饮多尿多见于断奶不久的 1～2 岁宝宝，较大儿童也可发生。有些父母缺乏喂养宝宝的知识，在宝宝哭闹时，用糖水、饮料、牛奶、小糖、糕点等哄宝宝，宝宝糖吃多了就口渴，于是要喝水，水喝多了自然尿也多，时间长了会形成习惯性多饮，导致多饮多尿。

精神性多饮注意控制饮水量

精神性多饮的宝宝没有什么疾病，有意识地控制宝宝喝水量，可使尿量减少，宝宝也能耐受，没有什么严重的不良反应。用早上起床第一次小便测量尿相对密度，尿相对密度在正常范围即可。

尿崩症多饮应及时就医

引起尿崩症的常见原因有两种：一是脑底部的脑垂体因为某种疾病（如脑肿瘤、颅内感染、新生儿窒息等）使抗利尿激素分泌不足；二是肾脏有疾病，对抗利尿激素不敏感，使尿量增多，出现多饮多尿。

如果控制尿崩症宝宝的饮水量，因尿量仍比较多，会出现脱水症状，宝宝口渴难忍、烦躁哭闹，严重时还会出现虚脱、休克等症状，应及时就医护理。

宝宝中耳炎的早期发现和护理

常见原因

引起宝宝急性化脓性中耳炎的原因很多，常见原因有洗澡、游泳，以及哭泣时水或乳汁等流入耳道内，引起化脓感染；患上呼吸道感染、麻疹、耳鼓膜外伤穿孔、细菌侵入耳道后进入中耳引起感染；患了败血症，细菌经血液流进中耳，引起中耳感染化脓。

表现

宝宝患了中耳炎后，最早期表现为发热、体温高达 39℃ 以上，此时宝宝会烦躁不安、呕吐、精神食欲差，大一些的宝宝可诉耳痛厉害，宝宝如果不会诉说，会表现为哭闹厉害，或用手抓耳朵，待鼓膜穿孔流脓后，疼痛大减，宝宝也变得安静。病初期，因耳道充血水肿，听力会下降，脓液流出后，听力恢复正常。

护理

宝宝患中耳炎后，妈妈可按医生医嘱进行治疗和护理。每天首先用 3% 双氧水洗耳，再用棉签擦净水渍后，点滴耳油或 3% 林可霉素，直到无脓流出为止。保持耳周皮肤洁净，流出脓液及时擦干净，以防引起皮肤感染。保持内耳道通畅，千万不要用棉球堵塞耳道，更不能将粉剂吹入耳内。平时不要乱挖、乱掏耳中耵聍。

宝宝多发性抽动综合征的发现及预防治疗

早期发现

有些儿童表现为反复发作的眨眼、点头、皱鼻子等不由自主的稀奇古怪的动作，此种情况称为多发性抽动综合征，有些儿童同时还会不自主地发出异常的声音，此种情况医学上称为抽动秽语综合征。这是儿童在发育过程中，支配肌肉运动的脑的某一部分兴奋性过高，引起一组或几组肌肉突然兴奋收缩导致的。如果喉部肌肉抽动，便会引起异常的发声。主要有以下表现。

- 不自主抽动。往往从面、颈部开始，以眨眼最多见，其他有斜眼、扬眉、努嘴、歪嘴、咬唇、嗅鼻、摇头、点头等。可发展到四肢，有耸肩、缩颈、扭颈、握拳伸指、举臂指划、踢腿跺脚、蹦跳等动作；胸腹部可有挺胸、扭腰、撅屁股等动作；严重的会出现全身旋转扭动等不自主动作。上述动作经常变化，情绪紧张时加剧，精神集中时减少，睡眠时消失。病情可以反反复复，持续很长时间。
- 不自主发声。表现为清喉声、喉鸣声、吼叫声、哈气声等，可以转变为固定的咒骂或污秽词语。

- 异常感觉。约一半患儿有异常感觉，如眼干涩、咽喉部痒、颈部压迫、肌肉酸胀、关节内跳动等，抽动后自觉轻松舒服。
- 多动，注意力不集中。多数宝宝早期只有眨眼等头面部症状，常被认为是眼睛的异常，如结膜炎等，有时被误诊为癫痫、精神分裂症等。

治疗方法

宝宝患了抽动秽语综合征，父母先不要过分紧张，只要经过合理治疗和调护，一般患儿的恢复都比较好。

- 我国中医对儿童抽动秽语综合征的治疗，主要是根据患儿的不同体质和不同症状采用辨证论治的方法，一般多采用滋阴降火、柔肝息风等方法。
- 西医主要应用氟哌啶醇、匹莫齐特、硫必利等药物进行治疗，但是有些药物会有一些副作用。因此具体应用应在医生的指导下进行，父母千万不要自作主张，随便使用药物和停药。
- 除了药物以外，心理治疗也至关重要。要让宝宝树立战胜疾病的信心。此外，应尽量避免宝宝情绪的波动，以免造成疾病的发作。

预防措施

- 在平时的生活中，宝宝饮食要平衡，适当地补充各种营养物质，为激素合成提供优质原料，促进大脑的发育。
- 父母保持情绪稳定，与宝宝耐心沟通，不要打骂宝宝，以免造成其心理压力过大。

快乐益智

左脑开发方案

我家的相册   语言能力   认知能力   记忆能力

✿ 益智目标

培养宝宝说话的准确性。

✿ 亲子互动

① 父母拿出家里的相册和宝宝一起来看。

② 父母和宝宝一边翻看，一边告诉宝宝照片的内容。

③ 父母说完后，可以让宝宝看着照片来讲述。

④ 如果宝宝说得不全，父母可以提示一下，比如照片上的人是谁、在哪里拍的、什么季节等。

这是爸爸，这是妈妈。

中间这个小娃娃，

家里人人都爱他，

娃娃当然就是我，

一个快乐的小乖乖。

温馨提示

有时候，父母可以用这个游戏来取代晚上临睡前的讲故事，类似看图说话的游戏方式对发展宝宝的思维有良好的效果。

学穿脱衣服

语言能力　沟通能力　听觉能力

❀ 益智目标

　　既可锻炼宝宝小肌肉群的灵活性，又能培养宝宝的自理能力。

温馨提示

　　如果宝宝扣错扣子了，就拉着宝宝站到镜子面前，让他看看歪歪扭扭的扣子，并指导他进行自我纠正。

❀ 亲子互动

❶ 宝宝穿短袖时，鼓励宝宝自己将两只手放到袖子中；宝宝穿对襟开的衣服时，教宝宝先将一半的扣子塞到扣眼里，再把另一半扣子拉过来。

❷ 让宝宝反复多做几次，并在旁边及时纠正其不正确的动作。

右脑开发方案

抛接球

大动作
能力

手眼
协调性

空间
知觉

✿ 益智目标

玩这个游戏，可以锻炼宝宝的手眼协调性，促进宝宝空间知觉的发展。

温馨提示

随着宝宝的长大，可慢慢加大宝宝和父母的距离。

✿ 亲子互动

① 父母、宝宝相对站好，彼此之间保持 90 ~ 100 厘米的距离。

② 父母手拿球，宝宝双手伸出，准备接球。

③ 父母将球抛给宝宝，说："宝贝，接球。"

④ 宝宝接住球，再抛给父母。

扮家家

社交
能力

想象
能力

创新
能力

❤ 益智目标

培养宝宝的交往能力和创新能力。

❤ 亲子互动

① 设计好故事情节，如招待客人、看医生等，父母和宝宝一起来做扮家家的游戏，并鼓励宝宝为父母、布娃娃和他自己分配角色。

② 父母要充当隐形的导演，讲述生活中的故事，并不断提示宝宝该做什么，但不要让宝宝觉得他在被指挥。

大树下，扮家家，

小客人，都来啦！

我家就在大树下，

煮饭没米用泥沙，

炒菜树叶一大把。

吃吃喝喝说笑话，

大家一起笑哈哈！

温馨提示

宝宝进入游戏后，往往会将假想与现实混淆，常常会把玩具当成真的食物放入口中咀嚼，父母要注意提醒宝宝。

育儿微课堂

Q 我女儿30个月了，两颗牙有小洞，医生说是孕期缺钙造成的，怎么办？

A 引起牙齿疾病的原因有很多，儿童期常见的龋齿、牙釉质发育不良与缺钙、缺少对牙齿的护理等因素有关。想要知道宝宝是否缺钙或营养不良，不能只从表面上看，而要做一些检查。建议先看口腔科医生，再看儿内科，排除其他疾病引起的牙齿问题。只有做出了正确诊断，才能采取有效的治疗措施。

Q 我儿子30个月了，居然在超市说"不给我买玩具车，就不吃饭了"的话，怎么办？

A 首先，要问一下自己，是宝宝以不吃饭来要挟父母在先，还是父母以吃饭为条件要挟宝宝在先。父母若以"只要多吃饭，就可以……"等方式对待孩子，会助长孩子的不良饮食要求，他会把吃饭当做筹码，与父母相互要挟，相互制裁，久而久之，形成恶性循环，最后导致孩子厌食。

Q 宝宝不吃糖就不会患龋齿吗？

A 很多父母认为少给宝宝吃甜食，甚至不吃甜食，就可以预防宝宝龋齿了，这种认识不能说不对，但存在片面性。残留在牙齿间的所有食物残渣，都有引起龋齿的可能，仅仅不吃糖是不够的，必须保持牙齿的清洁。另外，妈妈还要重视宝宝牙齿的健康检查和保健，定期带宝宝看牙科医生，接受专业医生的指导。

入睡前，父母应该做什么？

A 要让宝宝养成良好的睡眠习惯，每天上床睡觉和入睡前的"仪式"是必不可少的，这会让宝宝产生条件反射，每到父母进行这样的"仪式"时，就意识到要睡觉了。宝宝建立起这样一种条件反射后，其生物钟也会默契配合，到了睡觉时间，宝宝就会睡觉。睡觉仪式—条件反射—生物钟配合—规律形成—习惯建立，这就是父母在孩子睡觉前应做的事情。在这种规律性、一贯性行为的指导下，宝宝就会形成自己的生活习惯。

早上起来，父母应做什么？

A 早上起来，给宝宝一个好心情，让宝宝带着快乐过完这一天。宝宝喜欢重复快乐的经历，如果一件事情让宝宝感到快乐，他就会一遍遍地重复去做，还希望给父母带来快乐。因此，当宝宝发现做某一动作会让父母大笑后，宝宝就会不断重复该动作，希望给父母更多的欢乐。

宝宝3岁了，除了吃饭，是否需要补充营养品？

A 一般来说，宝宝需要补充的营养无外乎钙、维生素 D、锌、铁等。3 岁的孩子几乎可以食用所有成人能吃的食物了，也能在户外活动了。如果宝宝每天能够摄入足够的奶及奶制品，每天有肉、青菜，饮食均衡，能保持 2 小时左右的户外活动时间并有充分的光照，是可以不额外补充营养的。但如果宝宝不能够完全符合上述要求，可以根据具体情况适当补充，特别是维生素 D。

本章小结

记录宝宝的成长点滴

分类	游戏	方法	第一次出现的时间	最令你难忘的记忆
认知	相反概念	结合日常生活提问"大小""多少""长短"等相反概念，宝宝能分清 4 组以上	第__月 第__天	
	挑错	给宝宝一些存在错误的图片，宝宝能挑出 2 个错误	第__月 第__天	
	知道父母职业	父母经常向宝宝介绍家庭情况，宝宝能准确说出父母姓名、职业等	第__月 第__天	
动作	能跑能停	父母对宝宝喊"开始跑"，"123停"，宝宝能完成指令	第__月 第__天	
	画几何图形	让宝宝画圆形、正方形、三角形，宝宝能大致画出来	第__月 第__天	
语言	说整句	让宝宝说出包括主、谓、宾的完整句子，如"我要去动物园"等	第__月 第__天	
	回答故事中的问题	给宝宝讲他熟悉的故事，然后根据故事内容提问，宝宝能准确回答	第__月 第__天	
情绪与社交	表示喜怒	在适当的场合，观察宝宝的情绪反应，宝宝会用声音表示喜怒等情绪	第__月 第__天	
	自我介绍	鼓励宝宝以一问一答的形式向别人做完整介绍，如自己的姓名、年龄、性别等	第__月 第__天	

分类	游戏	方法	第一次 出现的时间	最令你 难忘的记忆
自理	自理	鼓励宝宝自己穿鞋袜，宝宝会穿鞋，但分不清左右	第__月 第__天	
	做家务	让宝宝做一些力所能及的家务，如擦桌椅、收拾玩具等，宝宝能愉快完成	第__月 第__天	

3 岁宝宝身体发育参照指标

项目	男宝宝（均值）	女宝宝（均值）
体重（千克）	14.6	14.1
身长（厘米）	97.5	96.2
头围（厘米）	49.3	48.5

男女宝宝教养有别

不论男女宝宝都应该注意的教育原则

● 都要尽量给予关爱和爱抚

很多父母都有"若男宝宝总爱撒娇,将来会不会变成娘娘腔啊""爱撒娇的女宝宝将来一定会形成娇弱的性格吧"等想法,所以,当宝宝撒娇时,就会比较担心和排斥。实际上,宝宝的撒娇是使心灵变得稳定、走向自立的必要步骤之一。因此,父母应完全接受宝宝的撒娇,无论对男宝宝还是女宝宝,都应倾注满怀的关爱和爱抚。在婴幼儿时期,父母对宝宝倾注大量的爱,会使宝宝的神经系统获得均衡发展。

● 可以期望宝宝具备明显的个性化特征,但不必强求

现在大多数家庭都是独生子女,很多父母似乎变得更加在意宝宝的性别,但这对宝宝来说是不公平的。无论是男宝宝还是女宝宝,首先是作为一个"孩子"来到这个世界上的。父母应摆脱"性别"期待,让宝宝回归自然本色的一面,欣赏属于宝宝的气质和能力,并提供宝宝需要的支持和空间。如果一味按照传统男女的标准来要求宝宝,则会限制宝宝的学习范围和途径,甚至埋没了他的潜能,让他失去了探索自己全面性格特质的机会。

● 比起所谓的"男性气质""女性气质",更应重视"宝宝自己特有的气质"

受荷尔蒙的影响,的确存在男、女宝宝特有的气质差异,但这只是在"与男宝宝相比"或"与女宝宝相比"的情况下得出的结论,并不能百分百适合每个宝宝。此外,与生俱来的特征只能表现为"倾向",并不是对未来的准确判定,即便做出"因为是男宝宝,所以一定会……"之类的预测,多数情况下也会被推翻。因此,不要过于拘泥宝宝的性别,要完全尊重宝宝的个性,充分发挥宝宝的天性才是最科学、最明智的。

父母要为宝宝树立好榜样

宝宝并不是带着已有的概念出生的，而是在日常生活中逐渐吸收其亲眼所见的事物，"男子气质""女子气质"也是模仿爸爸或妈妈并加以吸收形成的。但是，没有必要因此有意地要求宝宝"要像个男人一样"或"要像个女人一样"。爸爸妈妈在代表男人或女人之前，首先作为人而存在。因此，作为父母，首先应在做人的原则、礼仪尊严等方面，努力为宝宝树立榜样。

男宝宝教育建议	女宝宝教育建议

用简单的语言来对话

这是因为男宝宝的语言发育相对较慢，他们不能理解一些成语或是不常用的词，也较难理解复杂的解释，所以与男宝宝讲话，应尽量简单明了。

更多的阅读时间

可以通过教他们一些有趣的童谣和儿歌，让他们对阅读产生兴趣。多抽出些时间给他们讲故事，即使他们有时缺少耐心，也要让他们体会到阅读的乐趣。

多创造拿笔和乱画的机会

让他们拿着蜡笔涂色，当他们慢慢长大，可让他们玩文字游戏，培养宝宝用笔表达的能力。

鼓励创新

多问她们一些假定性的问题，鼓励她们考虑多种可能。如：假如太阳一直不下山，那会怎样？如果火车不停地往前开，可能会开到哪里？

不惧怕打破传统

将男性的传统垄断项目向女宝宝开放，如果她们喜欢玩汽车或者拿着工具敲敲打打，可以任由她去。等稍大一些，如果她愿意，鼓励她参加带有竞争性的运动。

教宝宝夸奖自己

父母需要认清女宝宝的优缺点，启发并鼓励她们，帮助她们建立自信心，逐步培养她们的自我肯定意识。

限盐，从宝宝的饮食开始

柴米油盐酱醋茶，盐是生活中不可缺少的调味品，是人体不可或缺的物质。但是，小小的宝宝从什么时候开始吃盐、怎么吃盐，父母可得注意啦。

不同月龄宝宝每日所需的盐的剂量

● 0~6 个月

对于 6 个月以内的宝宝，钠的推荐量是 170 毫克，换算成盐是 0.4 克。通常，从母乳或配方奶中就能获得；所以，6 个月以内的宝宝辅食没必要添加食盐。

● 7~12 个月

在 7~12 个月，宝宝需要的盐会稍微增加到 0.9 克。由于这个阶段宝宝吃的辅食种类越来越多，很多食物中含有一定量的钠，所以，一般情况下也不用额外增加盐。

● 12 个月以上

1~3 岁的孩子每天需要的盐不到 2 克。除了食物中获取的钠，可以考虑适当添加一点儿，但每天做菜时还是要尽可能少放盐。

摄入过量盐分的四大危害

● 肾脏和心脏功能受损

宝宝的肾脏发育还不健全，如果辅食中加盐过多，就会加重宝宝的肾脏负担，同时增加心脏的负担。

● 导致缺锌缺钙

体内钠离子过多，不但会妨碍孩子身体对锌的吸收，还会导致孩子缺锌，影响智力的发育，使免疫力下降，引发各种疾病；摄盐量越多，尿钙也就越多，从而影响骨骼发育。

● 导致上呼吸道感染

因为高盐饮食可使口腔唾液分泌减少，溶酶菌亦相应减少，再加上高盐饮食的渗透作用会使上呼吸道黏膜抵抗疾病侵袭的作用减弱，导致感染上呼吸道疾病。

● 引发慢性病

从小重盐会导致宝宝口味偏重，养成习惯以后很难纠正，成年后很容易引起高血压、心绞痛等疾病。

八大妙招减少宝宝摄盐量

● 全家低盐饮食

全家总动员，多吃清淡食物。孩子的口味与家长有关，家长的口味重，孩子饮食的含盐量也会增多。

● 用其他调料代替盐

做菜时，不用或少用盐，而是用葱、姜、蒜、香菜等调味，或适当加入糖、醋等。

● 避免无形盐的摄入

有的父母给孩子烹制食品时少放盐，却疏忽了那些无形的盐，如咸菜、咸鱼和腊肉中的盐。应尽量从食谱中删除这些含盐量高又不利于健康的食物。

● 多吃含钾食物

钾可以抑制机体对钠的吸收。有意识地多为宝宝安排一点儿含钾多的食物，如橘子、猕猴桃、豆芽等，能将身体中的钠排出体外。

● 谨慎选择零食

过量的盐还来源于宝宝吃得很多的零食，应多选择新鲜水果作为零食，让宝宝少接触果脯与炒货等，也能有效减少盐分的摄入。

● 少用或不用调味品

味精、酱油、虾米等含钠量极高，烹制宝宝食品时要尽量少用，最好不用。

● 少用酱油或改用低盐酱油

炖肉时为了颜色好看，经常加入很多酱油。为了宝宝的健康，炖肉时尽量少放酱油，并使用低盐酱油。

● 改变加盐的时机

炒菜或做汤时，待快熟或出锅时再放盐，或采用"餐时加盐"的方法，这样效果更好。因为这样会使盐仅附着在菜肴表面，来不及渗入内部，而人的口感主要来自菜肴表面，故吃起来咸味已够，但盐量却减少了，宝宝也乐于接受。

给宝宝一个安全的汽车座椅

现在，有汽车的家庭越来越多，但是父母在享受带宝宝方便出行的同时，一定要注意宝宝的安全。宝宝的骨骼不像大人那样结实，行驶中任何的意外动作，都可能对宝宝造成伤害。因此，宝宝坐车时，应尽量使用有质量保证的儿童安全座椅。

• 头枕要舒适、防撞

宝宝的大脑处在生长发育的重要时期，需要特别加以保护。因此，座椅的头枕不仅要使宝宝感到舒适，还要具有良好的防撞功能。

• 安全舒适的设计

特别是对小月龄的宝宝来说，汽车安全座椅的设计非常重要，它关系着安全性能的发挥，更保障了宝宝平时使用的舒适度。

汽车的安全座椅有一个全球一致的标准，即座椅向后倾斜 45°，因为这样的设计可以最平均地分散冲击力，减少对人体的伤害。正确地安装好安全座椅后，发生碰撞时，幼儿产生的惯性力将会被背部和"怀抱"型的座椅背均匀分散。

• 可调节的椅背

安全座椅的椅背最好可以调节成不同的倾斜角度，来适应宝宝睡眠、玩耍等不同的状态。弧度深的靠背可有效防止侧撞。

安全座椅的内层要有防撞层，以减轻碰撞时的冲击力。安全带及锁扣（包括肩垫、胯垫、护裆）等部件的细节处理都要考虑到宝宝的舒适和安全。有些锁扣还能显示安全带是否已经安装牢固，防止成人因一时疏忽造成安全隐患。

• 1岁以内的宝宝一定要选购可反向安装的座椅

1 岁以内的宝宝要使用反向安装的座椅，1~3 岁的宝宝也应尽可能久地坐在反向安装的安全座椅内，直至他们超过座椅的身高或体重限制。这是保护宝宝安全的最佳方式，因为在发生事故的时候，冲击力总是朝向车头，反向安装的安全座椅可以让宝宝的背部与安全座椅靠背充分接触，最大限度地分散冲击力，保护好宝宝的脊椎和头颈。